BIENEN-PARADIES

Biogarten

FÜR BIENENFREUNDE, DIE GÄRTNERN UND GÄRTNER, DIE BIENENFREUNDE SIND!

Erwin Seidemann

Gerda Walton

Alexander Würtenberger

LANDLEBEN

© Gerda Walton

Haftungsausschluss

Die Autoren und der Verlag haben den Inhalt dieses Buches mit großer Sorgfalt und nach bestem Wissen und Gewissen zusammengestellt. Für eventuelle Schäden an Mensch und Tier, die als Folge von Handlungen und/oder gefassten Beschlüssen aufgrund der gegebenen Informationen entstehen, kann dennoch keine Haftung übernommen werden.

IMPRESSUM

LANDLEBEN im CADMOS Verlag

Covergestaltung und grafisches Konzept: Gerlinde Gröll, www.cadmos.de

Layout, Satz: Hantsch PrePress Services OG

Bilder Cover: Gerda Walton, Johann Neumayer, Anna Steiner, Alex Würtenberger, Hermann Oberreiter

Illustrationen: Susan Brand/Shutterstock.com, Olga Tagaeva/Shutterstock.com, Sergey Bitos/Shutterstock.com

Lektorat: Ing. Barbara P. Meister MA, FachLektor.at

Druck: Graspo CZ, a.s., Zlín, www.graspo.com

Deutsche Nationalbibliothek – CIP-Einheitsaufnahme
Die Deutsche Nationalbibliothek verzeichnet diese Publikation in der Deutschen Nationalbibliografie; detaillierte bibliografische Daten sind im Internet über http://dnb.ddb.de abrufbar.

Printed in EU

ISBN: 978-3-8404-3060-2

Edition Seidemann
ISBN 978-3-8404-8531-2

Inhalt

004 .... Prolog zur Bienenliebe – warum dieses Buch entstanden ist

006 .... Biene & Co. – Wissenswertes und Erstaunliches

008 .... Das wundersame Wesen Honigbiene
014 .... Die Sache mit dem Hummelflug – Hummeln, Wildbienen, Wespen & Co.
022 .... Bienenlust und Bienenfrust – Von Bienen ungeliebte Pflanzen
028 .... Blumiges für die Honigmacher – Die sieben Bienenjahreszeiten
034 .... Nektar, Pollen, Honigtau – Die Speisekarte von Biene & Co.
040 .... Bienentrachtpflanzen – Warum Bienen unsere hilfreiche Hand brauchen
048 .... Insektenhotel oder Wildbienenhaus? Willkommen in der Herberge zur wilden Biene

056 .... Bienenparadiese und Naturnischen gestalten – Lebensräume für Biene & Mensch

058 .... Baum und Biene – eine alte Zweckbeziehung
070 .... Die Renaissance der heimischen Wildgehölze
080 .... Bienenfreundliche Ziersträucher und Kleinbäume für jede Gartengröße
092 .... Bienenfreude im Rosengarten
100 .... Die Sache mit dem Bienenrasen – Wir legen eine Blumenwiese an
106 .... Bienenhimmel Bauerngarten
112 .... Bienen auf Balkonien – Balkon & Terrasse als Lebensraum für Mensch und Biene
120 .... Die Sache mit den Bienen auf dem Dach – Dachgärtnerei und Dachimkerei
126 .... Biotop Bienengarten – Der Weg zum natürlichen Gärtnern
130 .... Neues für den Klimawandel – Gäste aus aller Herren Länder
140 .... Kletterpflanzen – Belebte Natur statt kahler Wände

150 .... Bienenhotspots

152 .... Kräutersteckbrief – die 36 besten Bienenkräuter im Porträt
164 .... Bienen-Eldorado Staudengarten – 110 Bienen-, Hummel-, Wildbienen- und Schmetterlings-Hotspots im Porträt

WARUM DIESES BUCH ENTSTANDEN IST

Gerda Walton

© Die Naturfotografen

© Die Naturfotografen

Erwin Seidemann

Alexander Würtenberger

© Die Naturfotografen

Mensch und Honigbiene leben seit Jahrtausenden in enger Verbundenheit, in der es um viel mehr geht als nur um Honig. Hat man erst einmal damit angefangen, die für unser Überleben auf dieser Erde so wichtigen Bienen und ihre unverzichtbaren Artgenossen durch die Anpflanzung von „Bienenschmankerln" im Garten oder auf dem Balkon zu unterstützen, wird es für jeden gärtnernden Menschen mit Umweltbewusstsein bald zur Herzensangelegenheit, sich mit diesem Thema intensiver zu beschäftigen und mehr über das wundersame Wesen Biene zu erfahren, dessen Existenz noch nie so bedroht war wie heute.

Mit den aktuellen Problemen der Bienenhaltung haben die Imker gelernt umzugehen. Anstatt aber in das allgemeine Wehklagen über die Gefährdung dieser wunderbaren Tiere durch die unterschiedlichsten Faktoren, vor allem durch das ständige Schwinden geeigneter Lebensräume und der für ihr Überleben unverzichtbaren Fülle an nektar- und pollenreichen, von Giftstoffen unbelasteten Bienentrachtpflanzen einzustimmen, könnte jeder Einzelne von uns spontan einen persönlichen Beitrag leisten. Würde jeder Gartenbesitzer oder Balkongärtner nicht zu „nur schönen", sondern ganz bewusst zu jenen Pflanzen greifen, die als gute Bienenweiden bekannt sind, wäre das keineswegs nur der berühmte Tropfen auf dem heißen Stein. Mit tristen Thujenhecken und kahlen Rasenflächen ist Bienen, Schmetterlingen & Co. nicht geholfen.

Sei du selbst die Veränderung, die du dir wünschst für diese Welt.

(Mahatma Gandhi)

Wir lieben Bienen und möchten mit unserem Buch einen kleinen Beitrag leisten, damit gärtnernde Menschen diesen faszinierenden Wesen in Zukunft wieder mehr Wertschätzung und wirksame Hilfe bei ihrem Überlebenskampf zukommen lassen. Gleichzeitig unterstützen begeisterte Bienenfreunde auch viele andere fliegende Gäste unserer Gärten, wie Hummeln und andere Wildbienen, Schmetterlinge und unsere nicht weniger bedrohten Vogelarten. Wem der Weiterbestand unserer Bienen ein wirkliches Anliegen ist, der sollte nicht über die Dunkelheit klagen, sondern schnell selbst ein kleines Licht anzünden und so viele hochwertige Futterpflanzen wie nur möglich als „Bienentankstellen" in den Garten oder auf den Balkon holen. Den Rest besorgen Bienen und andere Bestäuber selbst. Haben Sie keine Angst vor Bienen oder Hummeln in Ihrem unmittelbaren Lebensbereich. Sie lassen sich sogar aus nächster Nähe gefahrlos beobachten, so man die dafür nötige Ruhe und Geduld aufbringt. Sicher werden Sie sich darüber freuen, mit welcher Begeisterung Ihre Futterpflanzen angenommen werden und wie staunenswert rasch sich Ihr Garten oder Balkon in eine mit Leben erfüllte, wunderbare Naturnische verwandelt. Für uns ist das Summen der Bienen die Musik des Gartens.

Viele Stunden der Entdeckerfreude
mit diesem Buch wünschen die Autoren

Gerda Walton
Alexander Würtenberger
Erwin Seidemann

Biene & Co. – Wissenswertes und Erstaunliches

DAS WUNDERSAME WESEN HONIGBIENE

Ein Bienenleben ist kein Honigschlecken. Es verläuft nach genau vorgegebenen, äußerst erfolgreichen Regeln innerhalb einer Hierarchie, die das Überleben des Bien, wie der Gesamtorganismus Bienenvolk bezeichnet wird, über eine unvorstellbar lange Zeit gewährleistet haben. Die älteste nachgewiesene Honigbiene soll bereits vor 40 Millionen Jahren existiert haben; einige Forscher halten ihre Existenz auf dieser Erde sogar für doppelt so alt. Honigbienen, von denen es weltweit mehrere unterschiedliche Arten gibt, sind nicht einfach nur Honigmacher, sondern staatenbildende, höchst soziale und ungemein interessante Wesen, deren einziges Ziel es ist, unbeirrbar dem Wohlergehen des Bienenkollektivs zu dienen.

In Mitteleuropa haben ImkerInnen die westliche Honigbiene, *Apis mellifera*, heimisch gemacht. Ihre Lebenszeit ist nur kurz, durchschnittlich endet ein Bienenleben nach vier bis fünf Wochen, die Königin ausgenommen. Länger leben nur die Winterbienen, die das während der Winterruhe stark verkleinerte Volk im Frühjahr noch so lange versorgen müssen, bis der Nachwuchs in seine unterschiedlichen Aufgaben hineingewachsen ist. Zur Bienenhochsaison, im frühen Sommer, umfasst ein Bienenstaat immerhin bis zu 50.000 Bienen gegenüber 10.000 bis 20.000 im Winter. Er besteht aus einer Königin, vielen Arbeiterinnen und relativ wenig Drohnen, deren einziger Lebenssinn darin besteht, die Königin zu begatten, während die Arbeiterinnen vom ersten Tag des Schlüpfens an nach einem bewährten System die unterschiedlichsten Aufgaben zu erfüllen haben. Wie diese Aufgabenteilung funktioniert und wie eine Biene darüber informiert wird, was sie wann und wie lange zu tun hat, ist und bleibt vielfach rätselhaft. Selbst für erfahrene ImkerInnen, die wissen, was sie erwartet, ist der Blick in das normalerweise in völliger Dunkelheit ablaufende Wirrwarr eines Bienenstocks, dem eine eigenartige, deutlich spürbare Energie entströmt, immer

Viele fleißige Bienen auf ihren Waben

Bienen haben Erfolg, weil sie für ein gemeinsames Ziel arbeiten.

Können Bienen stechen?

Bei den Arbeiterinnen ist ein Giftstachel zwar ausgebildet, er besitzt jedoch Widerhaken, die in der Haut des Gestochenen stecken bleiben. Die Biene wird durch den Verlust des Stachels tödlich verletzt. Sie benützt ihn folglich nur, wenn sie sich selbst oder ihren Bienenstock in Gefahr sieht. Wespen können hingegen mehrmals zustechen, aber nur wenige Arten sind aggressiv. Ihr Stachel besitzt keine Widerhaken.

wieder ein eindrucksvolles Erlebnis. Bienenforschern auf der ganzen Welt ist es zwar gelungen, anhand von unzähligen Experimenten der Honigbiene und ihrem Volk, dem Bien, zumindest einige Geheimnisse zu entlocken. Wie Bienen aber den Überblick bewahren und miteinander kommunizieren, wird in letzter Konsequenz wohl für immer ihr ureigenstes Geheimnis bleiben, auch wenn wir uns noch so sehr um die Entschlüsselung ihres Verhaltens bemühen. Fest steht, dass vieles über Duft, Hormone und Vibrationsreize, ja sogar Elektrizität gesteuert wird. Am erstaunlichsten ist aber wohl ihre eindeutig demokratische Lebensweise, denn Entscheidungen trifft nicht die Königin, sondern nach Diskussion die Mehrheit im Bienenstock, und das sind die Arbeiterinnen. Faszinierend ist unter anderem auch das höchst soziale Verhalten der Bienen beim Auffinden ergiebiger Futterquellen, die sie über den berühmten „Schwänzeltanz“ im Stock vermelden und dabei Richtung, Entfernung und Ergiebigkeit des Fundes dokumentieren.

Wie sich Bienen tanzend den Weg weisen

Wer gern beobachtet, was in seinem Garten kreucht und fleucht, der wundert sich immer wieder darüber. Kaum hat sich eine ergiebige Futterquelle im Garten eröffnet, hat sie eine Biene auch schon entdeckt und im Stock gemeldet. So etwas wie Futterneid kennt das Bienenvolk nicht. Ähnlich wie der Mensch Gefühle im Tanz auszudrücken vermag, informieren die fündig gewordenen Kundschafterinnen die Sammelbienen ihres Stocks durch den Schwänzeltanz über ihre Entdeckung. Über den Rundtanz werden Futterquellen in naher Umgebung kommuniziert. Mit Sicherheit kann man davon ausgehen, dass bald darauf eine ganze „Bienenfrauschaft“ zur Ernte anrückt. Je nachdem, ob durch die Kundschafterinnen nektar- oder pollenreiche Blüten entdeckt wurden, werden spezielle Nektar- oder Pollensammlerinnen ausgeschickt, die schon bald schwer mit „Pollenhöschen“ beladen oder mit gefüllter Honigblase in den Stock zurückkehren, und das bis zu 15-mal am Tag. Bedenkt man, dass die Außengrenzen der Sammeltätigkeit bis zu 3 km vom Bienenstock entfernt sein können, so ist das verblüffend. Die durchschnittliche Fluggeschwindigkeit beträgt bis zu 25 km/h. Für den Flug zur Nahrungsquelle, den ortskundige Bienen rasch zurücklegen, können Neulinge aber trotz Tanz und Orientierungshilfen, wie z. B. Duftstoffen (wie sie auch bei der Ankunft am Bienenstock zur Identifizierung benötigt werden), länger benötigen als bereits erfahrene Sammlerinnen. Als Sammelbiene auszufliegen ist der letzte „Job“ im Leben einer Honigbiene, sie arbeitet sich buchstäblich zu Tode.

Eine ergiebige Futterquelle wird immer von mehreren Bienen zugleich abgeerntet

Ganz schön raffiniert

Bienen hinterlassen nach einem Blütenbesuch eine ca. 20 Minuten anhaltende Duftmarke, die mehrere Insektenarten davon abhält, die „abgeerntete“ Blüte gleich wieder anzufliegen. Man kann das gut beobachten. Fand keine Befruchtung statt, wird durch die Pflanze möglichst rasch Bienennahrung nachproduziert. Oft werden Blüten mehrfach bestäubt, da nicht jeder Bienenbesuch den zur Befruchtung führenden, genetisch richtigen Pollen liefert. Manche Pflanzen, z. B. Lungenkraut, Rosen oder Rosskastanie, machen den Bienen die Erkennung, ob noch Pollen produziert wird, raffiniert einfach, indem sie nach der erfolgten Befruchtung ihre Blütenfarbe wechseln. Danach ist die Blüte allenfalls noch für Nektarsammlerinnen interessant. Bei Rosen ziehen sich die wie kleine Strahlen aus der Blüte herausragenden Staubgefäße nach der Befruchtung zu einem unansehnlichen Bällchen zusammen und vermelden so, dass die Tankstelle geschlossen hat.

© Gerda Walton

Nach der Befruchtung zieht sich die Rosenblüte zu einem unansehnlichen Bällchen zusammen

Wie weit fliegt die Biene ohne „aufzutanken“?

Eine Sammelbiene verlässt den Stock, um die Zurückgebliebenen mit energiereicher Nahrung zu versorgen, benötigt selbst aber auch Treibstoff. In der Regel entfernt sie sich nicht weiter als 1–2 km von ihrem Stock, sodass gewährleistet ist, dass die Energieausbeute den Eigenverbrauch übertrifft. Ein gesundes Bienenvolk vermag an einem einzigen Arbeitstag mehrere Millionen Blüten zu besuchen. Nur zum Vergleich: Ein üppig blühender Kirschbaum trägt rund 1 Million Blüten. Für eine Füllung ihrer Honigblase muss die Biene, je nach Ergiebigkeit, bis zu 100 Blüten anfliegen. Für 1 kg Honig müssen 3 kg Nektar gesammelt werden, das entspricht rund 60.000 Füllungen, für deren Zustandekommen 6 Millionen Blütenbesuche nötig sind. Bei Pollen sind die Zahlen ähnlich.

Bienen und Schwebfliegen beim Efeublüten-Besuch

© Erhard Kontur

Wanderimkerei – gestresste Bienen?

Der Imkerbrauch, zu gewissen Zeiten mit den Bienenstöcken kurzfristig zu besonders ergiebigen Trachten zu übersiedeln, ist fraglos alt und wird auch heute noch zur Gewinnung spezieller Honigsorten, wie Wald-, Almrosen-, Heide- oder Kastanienhonig, praktiziert. Diese Wanderimker gehen sehr gedankenvoll und umweltgerecht mit ihren Bienenvölkern um. Mittlerweile hat sich die Bestäubungstätigkeit der Honigbiene jedoch weltweit zu einem lukrativen Wirtschaftszweig entwickelt. In praktisch allen Ländern dieser Erde, in denen die Obstproduktion zu einem beinharten Business geworden ist und Baum um Baum auf bis zum Horizont reichenden Plantagen ein monotones Dasein fristet, werden alljährlich Tausende gestresste Bienenvölker nach einem genauen Blühzeitplan per Lkw von einer Großplantage zur nächsten transportiert, damit die Bestäubung und somit die Obsternte gewährleistet ist. Grotesk mutet die Tatsache an, dass es sich bei diesen Plantagen zumeist um extreme Monokulturen handelt, in denen jede Begleitpflanze, also alles, was da eventuell sonst noch blühen und die „Bestäubungsmaschine" Biene von der Arbeit ablenken könnte, radikal weggespritzt wird. Die Bienen sollen gefälligst dort arbeiten, wofür ihr Besitzer bezahlt wird, einen jahreszeitlichen Ablauf im Bienenstock gibt es für sie zumeist nicht. Monokulturen dieser Art müssen ständig mit Pestiziden behandelt werden. Nicht selten geschieht dies sogar tagsüber in die offenen Blüten, da man während der Nacht, in der Bienen nicht fliegen, nicht genau genug zielen kann. In solchen ökologischen „Anbauwüsten" werden z. B. Mandeln, Orangen, Äpfel, Aprikosen, Pfirsiche und Datteln, aber auch viele Gemüsearten angebaut, und nicht nur in Amerika gibt es sogar sogenannte „bee brokers", also Bienenmakler, die zwischen Angebot und Nachfrage vermitteln. In China ist man notgedrungen bereits dazu übergegangen, Apfelblüten durch Billigstarbeiter von Hand bestäuben zu lassen. Allerdings hat sich in Versuchen gezeigt, dass diese Methode nicht nur äußerst kostspielig ist, sondern auch, dass die so erzeugten Äpfel qualitativ nicht mit den von Bienen bestäubten konkurrieren können. Biologisch arbeitende Obstbauern hingegen pflanzen vielfach zwischen die Baumreihen bunt gemischte Blühstreifen aus einjährigen, nach der Obstbaumblüte zur Verfügung stehende Bienenweidepflanzen, um sich für die Bestäubung zu bedanken. Geben und Nehmen sollten sich in der Natur die Balance halten, aber leider ist das meistens nur ein schöner Traum!

●●● Blühstreifen zwischen den Obstbäumen in Levens Hall, Nordengland

●●● Mandelplantage auf Mallorca

Wenn Bienen ins Schwärmen geraten

In Gebirgsgegenden mit Almrosenblüte stellen Wanderimker gerne Bienenstöcke auf

Zumeist zwischen Mai und Juni, in Zeiten des großen Überflusses an Nahrung, bereitet sich ein Bienenvolk auf seine Verjüngung vor. Die Stockarbeiterinnen bauen, gern am unteren Rand der Waben, sogenannte Weiselzellen; die Königin legt darin Eier ab. Die geschlüpften Larven werden mit Gelée Royale gefüttert, das sie zu Königinnen heranwachsen lässt. Warum das so ist, zählt zu den vielen Geheimnissen eines Bienenstocks und dürfte vermutlich mit der jetzt rasant ansteigenden Zahl an Jungbienen zusammenhängen. Die alte Königin, die ihres durch Eier schweren Körpers wegen flugunfähig war, wird plötzlich nicht mehr umsorgt, sondern durch eine Hungerkur „abgespeckt" und so fit gemacht, dass sie mit dem Schwarm davonfliegen kann. Kundschafterinnen werden ausgeschickt, um ein geeignetes neues Quartier ausfindig zu machen, und auf ein geheimnisvolles Kommando hin fliegen oft bis zu 30.000 Bienen mit der Königin in der Mitte los. Sie fliegen nicht weit, meistens bis zu einem Ast, an dem sie in einer bartähnlichen Bienentraube so lange hängen, bis sie ein geschickter Imker oder eine Imkerin einfängt. Wird die Traube nicht entdeckt, beziehen sie den durch die Kundschafterinnen auserkorenen Wohnort, mit Glück finden sie einen hohlen Baumstamm. Wenn das Einfangen des Schwarms nicht gelingt, oder wenn er gar nicht entdeckt wird, ist er meistens durch die Varroamilben zum Tod verurteilt und überlebt den Winter nicht.

Sind mehrere Jungköniginnen geschlüpft, bricht unter ihnen ein Machtkampf aus, der oft zu einem „Nachschwarm" führt. Zumeist eliminiert aber die erstgeschlüpfte Jungkönigin jede nachfolgende Konkurrenz unmittelbar nach deren Schlüpfen. Einige Tage danach vollzieht die etablierte junge Königin mehrere „Hochzeitsflüge", auf denen sie sich im Flug mit unterschiedlichen Drohnen paart, was für genetische Vielfalt im Bienenstock sorgt. Die zum Zug gekommenen Drohnen überleben die Paarung nicht, sie sterben sozusagen den Liebestod. Die Königin kehrt in den Bienenstock zurück und wird dort so lange bleiben, bis auch sie irgendwann von einer nachfolgenden Generation zum Ortswechsel gedrängt wird.

Zur Zeit von blühenden Massentrachten wie der Rapsblüte können Bienen ins Schwärmen geraten

Tonerdkhummel-Königin
auf Rhododendron im Garten

DIE SACHE MIT DEM HUMMELFLUG –
Hummeln, Wildbienen, Wespen & Co.

Wir Menschen neigen bekanntlich dazu, alles nach einem für uns praktischen Wert zu beurteilen, und da von ihnen kein Honig zu erwarten ist, werden Hummeln und andere Wildbienen im Hinblick auf ihre globale Bedeutung für den Naturkreislauf total unterschätzt. Für die meisten ist eine Biene eine Honigbiene. Also eine Art Haustier, das nichts lieber tut, als unsere Obstbäume zu bestäuben, Honig und allenfalls auch noch Kerzenwachs zu produzieren, und der man besser aus dem Weg geht, will man nicht mit ihrem Stachel Bekanntschaft machen. Dass es sehr wohl auch andere Bienenarten gibt, von denen jede einen bestimmten Zweck erfüllt, davon haben viele keine Ahnung. Fachleute gehen von rund 1000 Bienenarten in Mitteleuropa aus, von denen uns, außer den uns nützlichen Honigbienen, die dicken Hummeln wohl am meisten auffallen. Der Rest wird kaum jemals registriert. Dabei sind drei Viertel unserer Nutzpflanzen auf die Bestäubung durch Insekten angewiesen, die sehr wesentlich durch Schwebfliegen, Hummeln und andere Wildbienen und nur im Einzugsbereich von Bienenstöcken durch die Honigbienen erfolgt. Einige davon sind in Bezug auf ihre Nahrungspflanzen ausgesprochen spezialisiert und haben ihren kurzen Lebenszyklus ganz auf deren Vorhandensein ausgerichtet.

●●● **Bei der in ganz Europa heimischen „Mistbiene“, die bevorzugt Korbblütler anfliegt, handelt es sich eigentlich um eine Schwebfliege**

Faszination Wildbienen

Umgangssprachlich werden eigentlich alle Bienenarten, mit Ausnahme unserer Honigbiene, so bezeichnet. Es sind aber keineswegs verwilderte Bienen, vielmehr gehören sie einer großen Familie mit weltweit rund 20.000 Mitgliedern an, von denen leider nur allzu viele auf der Roten Liste der gefährdeten Arten stehen, bereits extrem selten oder vermutlich sogar ausgestorben sind. Die Ursachen dafür liegen vor allem im zunehmenden Verlust ihres Lebensraums, dem fehlenden Nahrungsangebot und dem extremen Einsatz von Pestiziden. Der Klimawandel wird diese Tendenz mit Sicherheit noch verstärken.

Alles ist mit allem verbunden.

(Hildegard von Bingen)

Wildbienen haben sehr unterschiedliche Lebensweisen. Zur Gruppe mit einer einjährig sozialen Lebensweise zählen Hummeln, die, so wie unsere domestizierten Honigbienen, nur aufgrund einer strengen Hierarchie überleben können. Während ein Honigbienenvolk aber über viele Jahre hinweg bestehen kann, löst sich der wesentlich kleinere Staat der dickpelzigen Hummeln schon bald wieder auf.

Solitär lebende Bienen werden auch als Einsiedlerbienen bezeichnet und bilden die größte Gruppe unter den Wildbienen. Sowohl Männchen als auch Weibchen sind Einzelgänger. Da die meisten von ihnen nur wenige Wochen leben, haben sie es sehr eilig, für Nachkommen zu sorgen. Das Weibchen beginnt sofort nach dem Schlüpfen mit dem Nestbau und lagert Pollen in Brutzellen ein, in die dann die Eiablage erfolgt. Die nach einigen Tagen schlüpfende Larve ernährt sich von diesem Vorrat. Ist er aufgebraucht, spinnt sie sich in einen Kokon ein, verpuppt sich und schlüpft erst nach einem Jahr als ausgewachsene Biene. Bereits nach vier bis acht Wochen ist der Lebenszyklus des Weibchens schon wieder beendet. Sie hinterlässt 10 bis 20 Larven in sehr individuell konstruierten, mit Proviant ausgestatteten und sorgfältig verschlossenen Zellen und sorgt so für den Weiterbestand ihrer Art.

Und dann gibt es noch die Gruppe der Kuckucksbienen, die sich, wie der namensgebende Vogel, darauf verlassen, dass andere ihnen die Arbeit mit den Nachkommen abnehmen. Während die auserkorene Ziehmutter, meistens handelt es sich um eine Solitärbiene, emsig bemüht ist, die notwendige Pollenverpflegung herbeizuschaffen, legen sie heimlich ihre Eier ins fremde Nest. Wie bei mit Kuckuckseiern beglückten Vögeln kann es durchaus vorkommen, dass durch das Überhandnehmen der schmarotzenden Bienen nicht nur die Wirtspopulation, sondern auch der Weiterbestand der eigenen Art gefährdet ist, da nachfolgende Generationen kaum noch Wirtsnester finden.

Gut zu wissen

Mauerbienen stellen die häufigsten Gäste unserer Insektennisthilfen dar. Dazu zählen die Rote und die Gehörnte Mauerbiene, die beide bereits bei sehr niedrigen Temperaturen ausfliegen. Sie gelten als besonders effiziente Bestäuberinnen und sind sogar für große Obstplantagen wichtig, da Honigbienen frühestens ab 10 °C mit der Arbeit beginnen und die Obstbaumblüte bekanntlich nicht selten genau in späte Kälteperioden fällt.

Hummel auf Rhododendron

Mauerbienen zählen zu den Einsiedlerbienen und nehmen gerne unsere Nisthilfen in Anspruch

Helle Erdhummel

Hummeln – die Eskimos unter den Wildbienen

Die zumeist dickpelzigen Hummeln zählen zu den größten Wildbienenarten. Weltweit kennt man rund 250 Arten, in Europa 70, in Österreich 45. Bei den im zeitigen Frühling, oft bereits Ende Februar, durch den Garten Brummenden handelt es sich immer um überwinterte Königinnen, die auf Herbergssuche zwecks Gründung eines neuen Staats sind und dabei sehr wählerisch vorgehen. Vorerst einmal benötigen sie jedoch dringend eine Nektartankstelle. Ist die nicht zu finden, sinkt ihre Körpertemperatur ab und sie erfrieren, bevor sie ihre Aufgabe erfüllen konnten. Auf der Suche nach dem perfekten Brutplatz fliegen sie in Mäuse- oder Maulwurfslöcher und inspizieren verlassene Nistkästen, vielleicht auch unsere Insektenherberge. Sobald sie fündig werden, beginnen sie sofort mit dem Bau eines Nestes und der ersten Brutzelle in Form eines kleinen Napfes, der mit eiweißhaltiger Nahrung für den Nachwuchs ausgepolstert wird. Im Vergleich zu Bienen, bei denen nicht selten bis zu 50.000 Tiere und mehr zusammenleben, bilden sie nur kleine Völker, je nach Art mit etwa 50 bis 600 Arbeiterinnen und einer Königin. Ähnlich wie bei Honigbienen gibt es auch in der Hummelgesellschaft Sammlerinnen, Stockhummeln und Hofdamen, die je nach Größe eingeteilt werden. Stockhummeln putzen den Hummelhaushalt und kümmern sich um den Nachwuchs, den Hofdamen

Die ersten Frühlingsblüher im Garten

... sind eminent wichtig, damit Hummel & Co. überleben. Die industrielle Landwirtschaft bietet um diese Zeit bekanntlich noch keine Bienennahrung an und die Natur auch nur wenig. Kaum blühen in unseren „Bienenverpflegungsgärten" Palmkätzchen, die Kornelkirsche, Erika, Winterling, Krokusse und Hyazinthen auf, kann man bereits mit Hummelbesuch rechnen. Unsere Gärtner halten jetzt viele zeitige Frühlingsblüher im Glashaus getopft bereit, und schon mit ein paar mit blühender Erika bepflanzten Balkonkistchen kann man die von der langen winterlichen Diät entkräfteten Hummeln tatkräftig unterstützen. Achten Sie unbedingt auf Bioqualität – wir wollen Bienen ja helfen und nicht schaden!

Frühlingsseidenbiene auf Weidenblüten

obliegt die Versorgung der Königin. Im Sommer kann es, allerdings eher selten, bei großen Völkern auch einmal eine Palastrevolution geben. Die Königin wird durch die Hofdamen plötzlich daran gehindert, weiter Eier zu legen, und durch Attacken aus dem Stock vertrieben, woraufhin diese selbst mit dem Legen von unbegatteten Eiern beginnen, aus denen ausschließlich Männchen, die Drohnen, schlüpfen. Aus den noch von der Altkönigin gelegten, bereits im Vorjahr begatteten Eiern schlüpfen jetzt zahlreiche Jungköniginnen, die auf dem „Hummelflug“ von den Drohnen begattet werden. Nur diese Jungköniginnen überwintern im Boden und gründen nach dem Winterschlaf ein neues Volk. Allerdings überlebt schätzungsweise nur eine von zehn Hummelköniginnen, vor allem, wenn sie keine adäquaten Winterquartiere finden.

Männchen der Frühlings-Pelzbiene

Gut zu wissen

Wer im zeitigen Frühjahr eine erschöpft wirkende Hummelkönigin beobachtet, kann ihr mit ein paar Tropfen auf einem Blatt oder dergleichen angebotenem Zuckerwasser wieder auf die Beine helfen. Unter Umständen rettet man damit nicht nur eine einzige Hummel, sondern ein ganzes Volk, das zu gründen sie gerade im Begriff war.

Der hübsche Winterling ist einer der ersten Nektarspender im Garten

Während Honigbienen die Spezialisten für große Trachten sind, besuchen Hummeln auch kleine Bestände von Pflanzen, die bei Honigbienen weniger Beachtung finden. Sie sammeln auch bei wesentlich schlechteren Wetterbedingungen, sodass ein Obstbaum bei Sonnenschein zwar von Honigbienen, bei kaltem Nieselwetter aber immer noch von Hummeln besucht wird, die allerdings einen wesentlich kleineren Aktionsradius haben.

Gemeine Wollbiene

Hummelarten erkennen

… fällt auch Fachleuten relativ schwer, weil sich mehrere Arten sehr ähnlich sind, farblich oft nur geringfügig variieren und mit dem Älterwerden oft ausbleichen. Zudem fliegen sie extrem schnell und sitzen selten lange auf einer Blüte, sodass man sie meistens nur anhand eines geglückten Fotos identifizieren kann.

Berglandhummel

Hummel in Akeleiblüte

Steinhummel

Schwarze Mörtelbiene

Baumhummel

Was die Bestäubungsleistung angeht, sind Hummeln und Wildbienen generell unverzichtbar. Sie besuchen nämlich einen gewaltig unterschätzten Teil der Blüten, sogar große Ackerflächen, und sind nicht nur für die Sicherung von Ernteerträgen, sondern auch für das Überleben zahlreicher Wildpflanzen unverzichtbar. Damit unsere Versorgung mit den unterschiedlichsten Obst- und Gemüsearten gewährleistet ist, werden sie professionell in riesigen Mengen gezüchtet und inklusive Pappschachtelquartier weltweit an Gemüseproduzenten verschickt. Vor allem die Dunkle Erdhummel bestäubt mit großer Ausdauer Tomatenpflanzen im Glashausanbau, eine Arbeit, die sonst mühsam von Hand bewerkstelligt werden müsste, um eine Ernte zu erzielen. Man begegnet ihr öfter auch im privaten Garten; sie gilt als größte und bei uns am häufigsten vorkommende Hummelart. Unser Insektenquartier wird sie nicht frequentieren, sie baut ihre Nester ausschließlich in tiefe, verlassene Maulwurfs- oder Mäuselöcher. Anderen Arten kann man mit einer aus Natursteinen locker aufgeschichteten Steinmauer ein Quartier anbieten, auch wenn uns dies vielleicht wenig spektakulär erscheinen mag.

Durch ihr höheres Körpergewicht und ihre längere Zunge sind Hummeln vor allem als Bestäuber von für andere Insekten unzugänglichen Blüten unverzichtbar. Noch gibt es in der Natur Pflanzen, wie z. B. die Weiße Taubnessel, den giftigen Eisenhut, Rotklee oder die bescheidene Wegwarte, und im Garten Fingerhut, Löwenmaul oder Rittersporn, die nur von wenigen langrüsseligen Hummel- oder Wildbienenarten befruchtet werden. Sterben die durch die Evolution dazu bestimmten Insekten aus, bedeutet das auch das Ende dieser Pflanzen, und vermutlich geschieht das Tag für Tag, weitgehend unbemerkt, an zahlreichen Orten dieser Erde. Aber viel zu viele glauben ja nach wie vor, dass das nicht weiter von Belang ist, weil immer noch genügend Pflanzen und „lästige" Insekten übrig bleiben. Doch wie lange noch?

Auch wenn Wildbienen, und das nicht nur bei niedrigen Temperaturen, eine unverzichtbare Bestäubungsleistung erbringen, haben Honigbienen ihnen gegenüber den klaren Vorteil, dass sie in riesiger Zahl wie Haustiere professionell gezüchtet und zur richtigen Zeit bereitgestellt werden können, um praktisch im Handumdrehen große Obstplantagen, aber auch Gemüsefelder zu bestäuben. Es gibt keineswegs nur ein Honigbienensterben, vielmehr ist erwiesen,

Gut zu wissen

Sie haben Stellen im Garten, an denen Wespen gefährdend und deshalb unerwünscht sind? Dann hängen Sie eines der umweltfreundlichen künstlichen Wespennester auf, die es seit einigen Jahren unter der Bezeichnung „Waspinator“ auf dem Markt gibt. Sie gaukeln den echten Wespen vor, dass der Platz bereits besetzt ist. Alternativ können Sie die Nachbildung eines Wespennestes auch ganz einfach aus grauem Papier selbst basteln.

dass die Anzahl der frei lebenden Wildbienen, vor allem durch den gnadenlosen Eingriff der industrialisierten Landwirtschaft in ihre Lebensgewohnheiten, drastisch abgenommen hat. Wie trotz der fortschreitenden Naturzerstörung unsere ständig wachsende Bevölkerung auch künftighin ernährt werden kann, das gehört wohl zu unseren großen Zukunftsfragen. Fraglos können wir diese bedenkliche Entwicklung zumindest einbremsen, indem wir einigen dieser bedrohten und doch so wichtigen Tierarten unsere Gärten und Balkone als kleine Refugien und Rückzugsorte zur Verfügung stellen. Und das auch jenen, die nicht ganz so nett anzusehen sind wie die dickpelzigen Hummeln oder uns mit Süßem verwöhnen wie unsere Honigbienen.

Die Sache mit den Wespen und Hornissen

Erwähnt gehören hier auch die uns manchmal wenig sympathischen, für den Naturkreislauf aber wichtigen Wespen. Von ihnen gibt es in manchen Jahren weit mehr, als uns lieb ist. Wespen und Hornissen stehen unter Naturschutz und ihre wie aus grauem Papier wirkenden Nester dürfen nur dort entfernt werden, wo sie für uns Menschen eine echte Gefahr darstellen. Im Gegensatz zu Bienen und Wildbienen, die nur dann stechen, wenn wir sie versehentlich quetschen, sind einige Wespenarten, so sie ihr Nest bedroht sehen, todesmutige Angreifer. Kulinarischen Zwecken dienende Aufenthalte im Garten oder auf dem Balkon können diese Insekten einem vor allem im Spätsommer bekanntlich ganz schön verleiden.

© Alex Würtenberger

●●● **Hornissennest**

Besonders aggressiv sind Erdwespen, die ihre Papiernester gern in verlassenen Mäuselöchern oder Maulwurfsgängen anlegen. Tritt man versehentlich auf so ein volkreiches Nest, dann ist ordentlich etwas los und mit nur einem Stich kommt man eher selten davon. Besonders häufig kommt es zu unliebsamen Vorfällen mit den beiden im menschlichen Siedlungsgebiet oft anzutreffenden Arten Gemeine Wespe und Deutsche Wespe. Sie bauen ihre Nester vorzugsweise in dunklen Hohlräumen wie Dachböden, Jalousiekästen und dergleichen und sind sehr volkreich, sodass sich schon einmal Hunderte auf einen vermeintlichen Angreifer stürzen. Sie fliegen bis Oktober und haben eine Vorliebe für Kuchen und süßes Fallobst. Sieht man im Frühjahr eine Wespe fliegen, handelt es sich um eine überwinterte Königin, die auf der Suche nach einer Nistmöglichkeit ist. Die in Siedlungsgebieten relativ häufig vorkommende Feldwespe ernährt ihre Larven bevorzugt mit auf Blütendolden sitzenden Fliegen und gilt Menschen gegenüber als friedfertig, unterscheidet sich aber optisch auf den ersten Blick kaum von einer „aggressiven Wespe".

Die unter Naturschutz stehenden Hornissen haben ebenfalls eine Vorliebe für Dachvorsprünge und Dachböden; ihre Nester stellen wahre Kunstwerke dar. Auch hier überwintert die begattete Jungkönigin, zumeist im Holz morscher Bäume, so die noch zu finden sind. Hornissen ernähren sich hauptsächlich von Nektar und Fallobst, füttern ihre Brut aber ausschließlich mit Fleisch, gern mit dem von Mücken, Wespen und leider auch Honigbienen.

Biogärtner arbeiten im Glashaus viel mit Schlupfwespen, die wie Bienen und Wespen zu den Hautflüglern gehören, mit diesen aber nicht näher verwandt sind. Sie legen ihre Eier in andere Tiere, die als Pflanzenschädlinge bekämpft werden. So nützen letztlich Schädlinge den Nützlingen und wir sind die lachenden Dritten.

Erste Hilfe nach einem Wespenstich

Wird man in Haus oder Garten gestochen, so greift man am besten ganz schnell zur Petersilie und reibt die Stichstelle mehrmals gründlich mit deren zerquetschten Blättern ein. Der Schmerz lässt rasch nach und es entsteht nur eine geringe Schwellung. Es funktioniert auch mit tiefgekühlter Petersilie. Ist man unterwegs, sucht man nach Spitzwegerich, der so gut wie überall zu finden ist. Er lässt sich, in Alufolie gewickelt, ebenfalls tiefkühlen und hilft auch bei Fieberblasen. Für Allergiker kann bereits ein einziger Stich zu einem lebensbedrohlichen Schock führen, weshalb Betroffene nach Absprache mit dem Arzt im Sommer eine Notfallspritze bereithalten sollten.

BIENENLUST UND BIENENFRUST –

Von Bienen ungeliebte Pflanzen

Um Biene & Co. das Überleben zu erleichtern, entscheiden sich von Jahr zu Jahr mehr Hobbygärtner, zunehmend aber auch viele innovative Landwirte, ganz bewusst Bienenfreundliches anzupflanzen. Also solche Pflanzen, die entweder Pollen oder Nektar, am besten beides, reichlich und vor allem auch zur richtigen Zeit zur Verfügung stellen. Nicht alle Pflanzen legen aber Wert auf bestäubenden Insektenbesuch, sondern bedienen sich anderer Tricks, um ihre Befruchtung trotzdem zu gewährleisten. Birke und Haselnuss, auch Korn oder Mais, produzieren zwar riesige Mengen an Pollen, vertrauen aber in puncto Bestäubung auf den Wind. Andere mögen es kompliziert und haben sich, wie z. B. die zu den Orchideen zählende Hummelragwurz, raffinierte Täuschungsmanöver ausgedacht, um ihren Weiterbestand statt durch Generalisten, wie es die Honigbienen sind, durch hochqualifizierte Spezialisten ihres Fachs absichern zu lassen. Wieder andere zählen auf Käfer oder auf die Bestäubung über am Fell von Weidetieren hängen gebliebene Pollen. Nicht selten sind es auch die Bienen selbst, die „komplizierte" oder unergiebige Blüten verschmähen, wenn in erreichbarer Nähe ausreichend andere Pflanzen zur Verfügung stehen, die rationeller abzuernten sind oder zuckerreicheren Nektar anbieten.

Die Blütenkugeln des Trommelstöckchenlauchs ziehen Bienen wie Magneten an

Den für Bienen unkompliziertesten Blütenaufbau bietet die riesengroße Familie der Korbblütler an. Verschiedene Hummel- und Wildbienenarten bevorzugen nicht selten Schmetterlings- oder Lippenblütler. Deren kapriziöse Blütenformen werden von Bienen, die entweder einen zu kurzen Rüssel oder nicht genug Gewicht haben, um die Blüten öffnen zu können, verschmäht.

Eine Biene ernährt sich von dem, was unser Auge erfreut.

Gerda Walton

●●● **Der für Bienen uninteressante Phlox begeistert Schmetterlinge**

●●● **Mörtelbiene auf einem Schmetterlingsblütler**

Zeitig im März beginnt das Bienenjahr

... innerhalb des Bienenstocks bereits ein bisschen früher. Sehr zu ihrem Vorteil fliegen Bienen, im Gegensatz zu den kälteunempfindlicheren Hummeln, erst im fortgeschrittenen Frühling aus, wenn der Tisch für sie mit Bienenfreundlichem zumindest etwas gedeckt ist. Durch zu hohe Vorfrühlingstemperaturen kann dieses Verhalten aber in Disharmonie geraten. Einige Hummelarten sind viel ungeduldiger und bereits bei den ersten Temperaturen über null Grad unterwegs, andere erst später. Dafür gleicht ihre Versorgung mit geeigneter Nahrung aber auch einem harten Überlebenstraining,

●●● **Die heimische Schlüsselblume kann man auf feuchten Stellen im Garten zur Hummelfreude verwildern lassen**

und das Angebot wird, so wir nichts dagegen unternehmen, von Jahr zu Jahr geringer. Vor allem im städtischen Bereich, auf Verkehrsinseln, Friedhöfen, aber auch auf unseren Balkonen werden jetzt zwar massenhaft Stiefmütterchen und Primeln ausgepflanzt, die uns Menschen mit ihrer Farbenpracht das Glücksgefühl der wiedererwachenden Natur vermitteln. Bienen haben aber eine andere Wertigkeit als nur schöne Farben. Sie würden z. B. anstelle der großblütigen Stiefmütterchen (*Viola × wittrockiana*) viel eher das dauerblühende Hornveilchen (*Viola cornuta*) pflanzen, das ebenfalls hübsch anzusehen ist, aber auch Nahrung bedeutet. Auch bei Primeln gibt es große Unterschiede.

Unsere Freude über die ersten Tulpen teilen die im zeitigen Frühling besonders hungrigen Hummeln und Wildbienen übrigens nicht, da deren Trachtwert niedrig ist. Würden wir allerdings zumindest einige Weinberg- oder Wildtulpen (*Tulipa sylvestris*), die ihrer kleineren Blüten wegen keine ausgesprochenen Garten-

Vergleich großblütiges Stiefmütterchen/ Hornveilchen

renner sind, dazwischenpflanzen, wäre ihnen Besuch sicher. Krokusse, Winterlinge, Hyazinthen und Traubenhyazinthen werden jetzt liebend gern angeflogen. Für unsere Augen zwar schön anzusehen, für Bienen aber wertlos sind dagegen die beliebten Forsythien, ausgenommen die Züchtung 'Beatrix Farrand'. Wer auf ihr fröhliches Gelb nicht verzichten möchte, könnte zumindest als Ergänzung eine Kornelkirsche pflanzen, die eine besonders wertvolle und frühe Tracht liefert. So schön Flieder auch sein mag, für Bienen ist er, mit wenigen Ausnahmen, uninteressant. Von Schmetterlingen, wie dem schönen Admiral, wird er aber gern angeflogen. Am unfreundlichsten für Bienen

Gut zu wissen

Es gibt einige Pflanzen, die man als Imker oder Imkerin aus der Umgebung von Bienenstöcken nach Möglichkeit fernhalten sollte, da ihr Nektar den Honig bitter bis giftig macht, wie Azalee, Berglorbeer (*Kalmia*), Buchsbaum, Jakobskreuzkraut, Liguster und Rhododendron. Die über Wochen hinweg überreich blühenden Gartenazaleen werden von Bienen und Hummeln aber keineswegs verschmäht. Rhododendron erhält keinen Bienen- aber extrem viel und oft auch seltenen Hummelbesuch. Unter den Kübelpflanzen ist von Engelstrompete (*Datura*) und Oleander abzuraten. Buchweizen wird von Bienen zwar geliebt, der daraus gewonnene Honig riecht aber ziemlich übel.

Buchsbaumblüte

aller Art sind monotone grüne Hecken, wie man sie leider rund um viel zu viele Gärten sieht. Dabei gäbe es so viele Möglichkeiten, im Garten zwischen die oft geradezu düster wirkenden und im Grunde genommen viel Schnittarbeit verursachenden Thujen-, Hainbuchen- oder Eibenhecken zumindest den einen oder anderen blühenden Akzent zu setzen. Dabei muss es sich keineswegs ausschließlich um heimische Sträucher handeln. Bienen sind anpassungsfähige Kosmopoliten, was vielleicht einer der Gründe sein mag, warum sie sich bereits seit Millionen von Jahren auf dieser Erde behaupten. Generell als bienenunfreundlich gelten alle Pflanzen mit sehr stark gefüllten Blüten, seien es nun Rosen, Dahlien, Chrysanthemen, Margeriten und viele andere, und auch die so viel verwendeten

Balkonpelargonien oder Surfinien haben Bienen nichts zu bieten. Pelargonien-Wildformen sind ausgenommen, sie erhalten Besuch von Schwebfliegen. Innerhalb ein und derselben Pflanzenfamilie, z. B. bei Rosen oder Hortensien, kann es vielfach bienenfreundliche, aber auch total unergiebige Varianten geben, weshalb es sich lohnt, vor einer Neupflanzung vermeintlicher Trachtpflanzen genau nachzuforschen.

Außer bestimmten Pflanzen kann auch die Witterung bienenunfreundlich ausfallen. Die Linde ist beispielsweise eine bekannte Nahrungslieferantin für Bienen. Tagelanger Regen, Frostnächte, nicht selten zur besten Trachtzeit der Obstbäume, aber auch lange Trockenperioden, in denen die Nektarproduktion minimiert wird, machen Bienen das Überleben nicht einfach. Es liegt sehr maßgeblich in unserer Hand, auch in unseren Gärten nach und nach Bienenunfreundliches durch überlebenswichtige „Bienenversorgungspflanzen“ zu ersetzen. Das dankbare Summen von Bienen und Hummeln wird bestimmt darüber hinwegtrösten, dass in unserem Garten oder auf dem Balkon gewisse Blüten vielleicht unscheinbarer ausfallen als in Nachbars Garten und nach einer erfolgreichen Befruchtung auch schnell verblühen, weil das eben der Lauf der Natur ist. Nur gut, dass es bei Bienen überhaupt keine Diskussion gibt, sondern einzig nur das Geltung hat, was dem Bienenvolk dient. Wir sollten daraus lernen.

Wasserdost kontra Springkraut

Einen bienenfreundlichen, von der Blütezeit her ähnlich gelagerten Ersatz, mit dem der Ausbreitungsdrang des Springkrauts reduzierbar wäre, könnte man mit dem bei uns heimischen Wasserdost pflanzen. Er wächst vorzugsweise an feuchten Bachrändern, bildet starke Wurzelstöcke, ist mehrjährig und winterhart. Wird das Springkraut nämlich nur entfernt, ist ein rasches Nachwachsen aus den meterweit „versprengten“ Samen unvermeidbar. Nach der Bepflanzung mit *Eupatorium cannabium* oder *E. fistulosum*, die beide auch leichten Schatten tolerieren, sollte man die Pflanzstelle eine Zeit lang frei von Konkurrenzwuchs halten, bis sich die Wurzeln ausreichend etabliert haben. Der Wasserdost treibt im Frühjahr erst spät aus, hält dann aber bis zum Frost durch.

Wasserdost *Eupatorium fistulosum* 'Atropurpureum'

Springkraut

Das Problem mit den von Bienen geschätzten Neophyten

Bei nicht wenigen für Bienen an und für sich durchaus interessanten Nektar- oder Pollenspendern scheiden sich die Geister. Die Meinungen bezüglich etlicher bei uns zugewanderter Pflanzen prallen zum Teil sehr heftig gegeneinander. Zum Glück schafft es von rund tausend bei uns zugewanderten Neophyten nur ein einziger, zum gefürchteten invasiven Neophyten zu werden. Für Botaniker handelt es sich dabei nämlich um Pflanzen, die nach der Entdeckung Amerikas 1492 bei uns heimisch wurden, und das soll auf rund 80 % der Pflanzen zutreffen, die in europäischen Gärten Verwendung finden. Jene, die uns Nutzen bringen, wurden längst eingebürgert und haben, man denke nur an Kartoffel, Mais oder Tomate, die Weltgeschichte verändert. Aber ein paar gibt es, die als invasive Neophyten zur Bedrohung, zumindest aber zur Glaubensfrage geworden sind. Dazu gehören die Beifuß-Ambrosia, die schwere Allergien hervorruft, Goldrute, Robinie, Schmetterlingsflieder, der Japanische Knöterich, der Riesenbärenklau und das Indische Springkraut, das jedoch von Bienen, und folglich auch ImkerInnen, als extrem nektarreiche späte Bienenweide durchaus geschätzt wird. Es ist zwar nur einjährig, entwickelt nach den Bienenbesuchen aber viele Samen, die weit fortgeschleudert werden, damit sie auf neuen, fruchtbaren Boden fallen. Es besiedelt vorzugsweise Bach- und Waldränder und verhindert die Entstehung eines dauerhaften Bewuchses mit heimischen Arten, die mit ihren Wurzeln die Bachränder stabilisieren würden. Obwohl es eine späte Bienenweide darstellt, sollte man seinen Ausbreitungsdrang zumindest eindämmen. Jedes Land in Europa hat hinsichtlich der invasiven Neophyten übrigens andere Bestimmungen.

Interessant zu wissen

Bereits vor den Neophyten, also vor dem Jahr 1492 bei uns eingewanderte Pflanzen, werden als Archäotypen bezeichnet und gelten vielfach als heimisch. Dazu zählen Apfel, Birne oder Pflaume, Kornarten wie Weizen, aber auch Kamille, Klatschmohn, Kornblume oder die extrem selten gewordene Kornrade, die auf der Liste der gefährdeten Arten steht.

© Gerda Walton

●●● Weiße Kornrade

Gut zu wissen – nicht alle Goldruten sind invasive Neophyten

Der Ausbreitungsdrang der Kanadischen Goldrute (*Solidago canadensis*) wurde durch die Verwendung inzwischen verpönter Herbizide und manuell durchgeführte Aktionen gebremst, aber nicht wirklich gestoppt. Zunehmend sind wieder Bahndämme und Schuttplätze im Spätsommer, sehr zum Ärger von Naturschützern, aber zur Freude vieler Insekten mit ihren goldenen Blüten überzogen. Zumindest darf ihre Bekämpfung nicht mehr durch umweltschädigende Substanzen erfolgen. Viel zu wenig bekannt ist die bei uns heimische **Echte Goldrute** (*Solidago virgaurea*), die seit Jahrhunderten als wertvolle Heilpflanze gilt. Ihre nektar- und pollenreiche lange Blütezeit von Juli bis in den späten Herbst hinein wird nicht nur von Bienen, sondern auch von Wildbienen, Hummeln, Schwebfliegen, Tagfaltern und Käfern mit Begeisterung genützt. Für den Natur-, Bauern- oder Ziergarten gibt es auch mehrere niedrig bleibende, gartengeeignete *Solidago*-Züchtungen. Entfernt man ihre Blütenstände vor der Samenreife, wird eine ungewollte Selbstaussaat verhindert. Ihre Verwendung sollte jedoch rein auf den Hausgarten beschränkt sein (siehe Kapitel Bienenhotspots).

●●● Kaisermantel auf Goldrute

© Hermann Oberreiter

Monet-Garten in Giverny

© Christa Kollerits

BLUMIGES FÜR DIE HONIGMACHER –
Die sieben Bienenjahreszeiten

Bienen haben, ihrem kurzen Lebenszyklus angepasst, mehr Jahreszeiten als wir Menschen. Wenn unsere Bemühungen um das Überleben von Biene & Co. von Erfolg gekrönt sein sollen, müssen wir ihnen in jedem Abschnitt des Bienenjahrs ganz bestimmte Trachtpflanzen zur Verfügung stellen, für die ein wenig botanisches Wissen unumgänglich ist. Für Hummeln gilt dies umso mehr, da sie nur Nektar für zwei Tage zu speichern vermögen.

Bäume und Großsträucher würden aufgrund ihrer zumeist riesigen Blütenfülle auf der Bienenspeisekarte fraglos ganz oben rangieren. Angesichts ihrer langsamen Entwicklung verlangen sie leider Mensch und Biene reichlich Geduld ab und stehen nicht auf Knopfdruck zur Verfügung. Und wenn es dann endlich so weit ist, dann erstreckt sich die Baumblüte oft nur über einen relativ kurzen Zeitraum, manchmal sind es nur wenige Tage des Überflusses, die durch Regenwetter abrupt beendet werden können. Umso wichtiger ist es, dass wir für das Vorher und Nachher Sorge tragen und dafür sind unsere Gärten und Balkone unverzichtbar. Unsere Möglichkeiten der jahreszeitlich abgestimmten Anpflanzung von Trachtpflanzen sind zumeist eher beschränkt, daher gilt es, sie zur Freude von Biene und anderen Bestäubern optimal zu nützen. Bienen würden ohne Frage Bio pflanzen, und wir tun es auch, vergiftet wurden sie schließlich lange genug. Ganz wichtig ist zu beachten, dass viele der von uns bereitgestellten Pflanzen zwar mit nektar- oder pollenreichen Blüten aufwarten, der produzierte Nektar jedoch nicht immer jenen hohen Zuckergehalt aufzuweisen hat, der von Bienen geschätzt und begehrt wird. Und wenn zur Nektarqualität nicht auch noch die entsprechende Quantität in Form einer üppigen Blütenfülle bereitsteht, dann nützt sogar der beste Nektar den Bienen nicht entscheidend weiter.

Abwechslungsreiche Bepflanzung bietet über mehrere Monate Nahrungsquellen

Die Blumen des Frühlings sind die Träume der Bienen im Winter.

(Frei nach Khalil Gibran)

Der Nektar der Frühlingskrokusse kann für Bienen das Überleben bedeuten

In unserer nachfolgenden Auflistung nektar- und pollenreicher Pflanzen für Garten und Natur, mit denen wir Insekten gezielt über trachtarme Zeiten hinweghelfen können, konzentrieren wir uns auf die jahreszeitliche Zuordnung von zwei- bis mehrjährigen Stauden bzw. Zwiebelpflanzen und Sträuchern, die unverzichtbare Bienenfavoriten sind. Dem Bienengeschmack würde übrigens die gezielte Auswahl jeweils nur weniger, dafür aber in größeren, rationell abzuerntenden Mengen angepflanzter Arten sehr entgegenkommen. Ein wenig „Gärtnerlatein" können wir jetzt niemandem ersparen, da es innerhalb einer Pflanzenfamilie sehr verschiedene Blühhöhepunkte, aber auch unterschiedliche Bienenfreundlichkeit geben kann. Daher haben wir ab und zu den lateinischen Namen angefügt. Der besseren Übersichtlichkeit wegen führen wir hier nur die Namen auf; in den verschiedenen Kapiteln dieses Buches werden die angeführten Pflanzen genauer beschrieben.

VORFRÜHLING Februar/März – Wenn der Winter noch ein paarmal zurückkehrt

Von außen betrachtet herrscht im Bienenstock noch Winterruhe, aber mit den ersten warmen Frühlingstagen steigt bei den ImkerInnen die Spannung, wie die Völker wohl den Winter überlebt haben. Die wichtigsten Trachtpflanzen sind jetzt alle Palmkätzchen tragenden Weiden, aber auch Kornelkirsche, Scheinhasel und Erika (*Erica carnea*). Wenn die in der Nähe blühen, sind alle anderen Frühjahrsblüher nur Randerscheinungen. Wo es sie nicht gibt, wird das Angebot unserer Gärten zuerst von Hummeln, bei warmer Witterung zunehmend auch von Bienen gern angenommen. Ihre Nektar- und Pollenwerte sind aber durchweg niedriger, speziell für Hummeln können sie trotzdem überlebenswichtig sein. Im Garten blühen nach und nach Christrose, Winterling, Krokus, Schneeglöckchen, Frühlingsknotenblume, und die ersten Sträucher, wie Bodnant- und Duftschneeball, Schneeforsythie, Seidelbast, Winterheckenkirsche, Winterjasmin und Naturformen der Zaubernuss. Vom Gärtner kommend können bereits Ende März, zuerst noch in Pflanzschalen oder Balkonkistchen, bei offenem Boden dann Erika, Gänseblümchen (*Bellis perennis*) mit ungefüllten Blüten, Goldlack, Hyazinthen, Hornveilchen, Traubenhyazinthen, Wildtulpen und Zwergiris blühend in den Garten gepflanzt werden.

BIENENFRÜHLING März/April – Auswintern für Honigbienen

Jetzt kontrolliert der Imker, ob noch Futtervorräte vorhanden sind, denn mit der Märzensonne startet die Dynamik im Bienenstock und damit ein rascher Verbrauch der letzten Wintervorräte. Die pollenreiche Blüte des Löwen-

Die früh blühenden **Zwiebelgewächse** lassen sich im Rasen, im Staudenbeet, unter lichtem Gehölz, aber auch im Stein- und Kiesgarten einsetzen. Bei der Pflanzung darauf achten, ob sie Platz zum Verwildern haben, sie werden von Jahr zu Jahr blütenreicher und somit wertvoller.

Traubenhyazinthen, Hyazinthen und Vergissmeinnicht bieten im Frühling ein duftendes Blütenmeer

zahns und die erste Obstbaumblüte erfolgen genau zur richtigen Zeit. Wenn Bienen mit Pollenhöschen in den Stock zurückkehren, kann man davon ausgehen, dass die Königin bereits mit dem Eierlegen begonnen hat und die Nachwuchsfütterung ansteht. Nach der Baumblüte entsteht für Bienen jedoch ein ziemliches Vakuum, das es zu überbrücken gilt. Im Garten punkten jetzt „verwilderte“, flächig ausgebreitet blühende Zwiebelpflanzen, wie Bärlauch, Blaustern (*Scilla siberica*), Krokus, Lenzrose, Präriekerze (*Camassia*), Schneeglanz und Schneestolz (*Chionodoxa*) und Traubenhyazinthen. Aber auch Blaukissen, Hornveilchen, Lerchensporn, Lungenkraut, Mahonie, Moos-Steinbrech, Nieswurz, Polsterphlox, Schleifenblume, Steinkraut, Vergissmeinnicht oder Walzenwolfsmilch blühen nacheinander auf. Gärtnereien steuern Frühlingsanemonen, Islandmohn, Duftsteinrich, Gämswurz, Levkojen oder Senetti bei.

FRÜHSOMMER Mai/Juni
Die Honigproduktion beginnt – Hochsaison für Bienen und Imker

Dank des jetzt reichlich fließenden Nektars und einem üppigen Pollenangebot entwickelt sich das Bienenvolk prächtig. Bis zur ersten Mahd, Ende Mai/Anfang Juni, stehen die Wiesen in Blüte. Wenn sie auch bei Weitem nicht mehr die Vielseitigkeit vergangener Zeiten aufweisen, so finden die Bienen doch noch Nahrung, vor allem auf Wiesen von bäuerlichen Biobetrieben. Die Königin legt gegen Ende Mai pro Tag bis zu 2000 Eier. Folglich hat die Bienenkommune jetzt auch den höchsten Bedarf des Jahres, da einerseits der rasch wachsende Nachwuchs zu versorgen ist, aber auch Vorräte anzulegen sind. Mit der ersten Mahd steigert sich schlagartig der Bienenbesuch im Garten. Dort blühen jetzt zahlreiche Ziersträucher wie Deutzie, Hartriegel, Kolkwitzie, Weigelie und Ilex, aber auch einige früh blühende Wildrosen und besonders die Kletterhortensie, bis dann meist Anfang Juni

Pericallis senetti **findet man unter der Bezeichnung „Senetti“ im Handel**

Allium **dominiert den Mai**

Indianernessel und Sonnenhut verzaubern den Garten im Sommer in ein Bienenparadies

Auch im Juli blüht der Garten reich

die Rosenblüte voll einsetzt. Absolute Bienentreffpunkte sind die lila oder weißen Blütenkugeln der verschiedenen *Allium*-Arten, von denen man nach Bienengeschmack gar nicht genug pflanzen kann. Wichtige Nektar- und Pollenlieferanten sind ungefüllt blühende Pfingstrosen, Katzenminze, Salbei, Sonnenröschen, Wiesenraute und Wolfsmilcharten, aber auch die verschiedenen Steingartenpflanzen und eine Wildblumenwiese. Mit der Lindenblüte im Juni steht den Bienen ein Jahreshöhepunkt bevor.

BIENEN-HOCHSOMMER Juni/Juli

Zur Zeit der längsten Tage legt die Bienenkönigin die meisten Eier, der Bedarf an Futter für den Nachwuchs ist enorm. In der Natur fehlt es aber vielfach an energiereichen Nahrungsquellen. Man merkt deutlich, dass unser Bienengarten von Tag zu Tag intensiver frequentiert wird. Jetzt sollten wir unbedingt eine Fülle erstklassiger Trachtpflanzen anbieten. Absolute Bienenfavoriten sind um diese Jahreszeit die vielblütigen Rambler-Rosen, Dost, Duftsteinrich, Indianernessel, Katzenminze, Kugeldistel, Lavendel, Schönaster und vor allem der Meerkohl! Aber auch Glockenblume, Färberkamille, Muskatellersalbei, Skabiose und Storchschnabel erhalten viel Besuch. Jetzt beginnt auch die Blütezeit der meisten bienenfreundlichen Kräuter, vor allem des Thymians, auch der lange blühende Borretsch wird gut angenommen.

BIENEN-NACHSOMMER Juli/August

Die ersten Wintervorbereitungen laufen im Bienenstock an, die Honigbienen tragen eifrig Vorräte in den Stock, man kann auch zahlreiche Wildbienenarten beobachten. Die Natur liefert zunehmend weniger Bienennahrung, umso

Im Nachsommer begeistern Dauerblüher wie Sonnenhut, Zinnien und Löwenmaul

●●● ***Aster lateriflorus* 'Lady in Black' blüht im Spätherbst**

eifriger werden unsere Gärten frequentiert. Jetzt ist die große Zeit des Bienenbaums gekommen. Wahre Bienenhotspots sind Agastachen und Disteln aller Art, Astern, Blutweiderich, Ehrenpreis, Königskerze, die Kompasspflanze, Rudbeckien, *Sedum*-Arten, Sonnenbraut, Scheinsonnenhut und Sonnenauge, aber auch Bartblume, Blauraute und ganz besonders die Rote Angelika.

●●● **Die Bienen bleiben auch im Herbst noch lange aktiv**

BIENENHERBST September/Oktober

Die Bienen denken bereits intensiv ans Einwintern, während der warmen Tage des Altweibersommers wird unermüdlich gesammelt. Die frisch geschlüpften Winterbienen benötigen viel Nahrung zum Aufbau von Eiweiß- und Fettreserven, um den Winter zu überleben. Die Drohnen werden von den Arbeiterinnen nicht mehr gefüttert und aus dem Bienenstock geworfen, Zeit der Drohnenschlacht. Der Besuch von Wildbienen und Schmetterlingen nimmt im Garten stark zu, ein Zeichen, dass in der Natur die Nahrung zur Neige geht. Jetzt blühen die letzten Agastachen und die überaus nektarreichen hohen Sedumarten. Viele Astern erleben ihre Hochblüte und legen sich richtig ins Zeug, Myrten- und Schleieraster werden zu Bienenhotspots, Besenheide (*Calluna vulgaris*), ungefüllte Chrysanthemen und die letzten Rosen haben bei schönem Wetter ebenfalls regen Besuch. Aus den jetzt mit der Blüte startenden alten Efeubeständen hört man ein deutliches Summen, alles, was fliegt, trifft sich hier zu einem späten Festschmaus. Wichtig: Bienenwassertränken aufstellen.

VOR DER WINTERRUHE Oktober/November

Jeder sonnige Tag ist jetzt ein geschenkter Tag und wird noch eifrig genützt. Im Garten blühen bis über die ersten Frostnächte hinaus die letzten Astern, Besenheide, Chrysanthemen, Steinquendel und Efeu. Beim Aufräumen im Garten nicht zu gründlich vorgehen, verholzte Stiele unbedingt stehen lassen, sie sind ein effizientes Insektenquartier. Wo immer sie hinpassen, werden jetzt viele *Allium*-Zwiebeln gepflanzt, die im nächsten Mai für die Bienen Gaumen- und für uns Augenschmaus sind. Die früh blühenden Krokusse müssen jetzt ebenfalls in den Boden.

Fleißige Pollensammlerinnen auf ungefüllter Pfingstrosenblüte

NEKTAR, POLLEN, HONIGTAU –
Die Speisekarte von Biene & Co.

Honigbienen und ihre wilden Artgenossen benötigen, so wie wir Menschen auch, für ihr Überleben energiereiche Nahrungsquellen. War das über Millionen von Jahren kein Problem, so ist das Angebot während der letzten Jahrzehnte weltweit dramatisch rückläufig geworden. Nektar und Pollen sind aus vielen Gründen kaum noch vom zeitigen Frühling bis in den Herbst hinein in Mengen verfügbar, Biene und andere Bestäuber finden nur dann ein für ihr Überleben ausreichendes und vor allem auch rückstandsfreies Nahrungsangebot vor, wenn wir für sie überlebenswichtige Trachtpflanzen ganz bewusst bereithalten, wo immer es in unserer zubetonierten Welt dafür noch Möglichkeiten gibt.

●●● **Auch Schmetterlinge werden von nektarreichen Blüten wie der Katzenminze angezogen**

Nektar ist fraglos ein besonderer Saft, aus Sicht einer Blütenpflanze aber nichts weiter als ein Lockmittel, mit dessen Hilfe sie die unterschiedlichsten Tierarten, mit denen sie in Fortpflanzungssymbiose lebt, auf sich aufmerksam macht. Nektar ist eine zucker- und daher energiereiche wässrige Lösung, die in den sogenannten Nektarien der Pflanze gebildet wird. Wer immer als Spediteur ihres Pollens zu anderen befruchtungsbereiten Blüten infrage kommt, fliegt eine offene Blüte in erster Linie deshalb an, um Nektar aufzunehmen. Sozusagen als Gegengeschäft mit der Pflanze, die der Biene den Energielieferanten spendet, trägt diese dann per Flugpost reichlich Pollen zum Stempel der nächsten Blüte, dem weiblichen Blütenteil, weiter und sorgt über dessen Bestäubung für das Weiterbestehen der Spenderpflanze. Rund 80 % der Blütenpflanzen dieser Erde verdanken ihre Existenz diesem sich über Millionen von Jahren hinweg entwickelten und bewährten System. Das Zeitfenster dafür ist unterschiedlich

Der Frühling ist schön, doch wenn die Biene nicht wär, wär das Auge zwar satt, aber der Magen leer.

(Frei nach Friedrich von Logau)

Nektar ist nicht gleich Nektar

Bienen arbeiten sehr rationell und es kommt durchaus vor, dass das Nektarangebot gewisser Pflanzen zugunsten von höherwertigen Trachten ausgeschlagen wird. Ein zu niedriger Zuckergehalt des Nektars macht Pflanzen für Bienen uninteressant, da sie beim Transport mehr Energie verbrauchen würden, als aus der Futterquelle gewonnen wird. Im zeitigen Frühjahr stehen z. B. Palmkätzchen tragende Weiden, Kornelkirsche und Erika auf der Speisekarte der Bienen an oberster Stelle. Sind sie verfügbar, werden andere Frühjahrsblüher von ihnen ignoriert. Außer vom Wetter ist die Stärke der Nektarsekretion und die Höhe des Zuckergehalts des Nektars auch abhängig von Bodenverhältnissen, Tageszeit, Temperatur und Luftfeuchtigkeit. Bei großer Trockenheit verringert sich das Nektarangebot vieler Pflanzen, weshalb man Bienenweidepflanzen während Hitzeperioden nach Möglichkeit öfter wässern sollte.

Die mit den Chrysanthemen verwandte Saat-Wucherblume ist oft in einjährigen Mischungen für Blumenwiesen enthalten

und die Qualität des Nektars von Pflanze zu Pflanze sehr verschieden, aber auch stark wetterabhängig. Bei manchen Blüten, vor allem bei hohen Temperaturen oder wenn Regenwetter bevorsteht, das den Bienenflug verhindert, muss die Bestäubung innerhalb von Stunden erfolgen, andere räumen ihren Helfern dafür wesentlich mehr Zeit ein. Geholfen ist damit eindeutig beiden, denn Bienen benötigen den Pflanzennektar einerseits für sich selbst, damit sie genügend Energie zum Fliegen haben, liefern aber den größten Teil zur Ernährung der im Stock verbliebenen Königin samt ihrem Hofstaat und des je nach Jahreszeit mehr oder weniger reichlich vorhandenen Nachwuchses ab. Der Überschuss wird in den Waben gelagert.

Schneeglöckchen, Leberblümchen und Gänseblümchen sind nicht zu unterschätzende frühe Bienennährpflanzen

Pollen wirkt auf den ersten Blick wie gelbes, manchmal auch graues bis schwarzes Mehl und wird in den Staubblättern einer Pflanze gebildet. Tatsächlich sind es aber winzig kleine Körner. Sie stellen die männlichen Keimzellen dar und sind ausgesprochene Energiebündel. Neben vielen anderen Bestandteilen enthalten sie Mineralstoffe, Vitamine, Proteine und Kohlenhydrate und bilden die Grundlage der Ernährung des Bienennachwuchses. Pollen kann ebenfalls von unterschiedlicher Qualität sein. Bei Pflanzen mit überreichem Pollenangebot handelt es sich meistens um sogenannte Windbestäuber. Dazu gehören Hasel, Erle und Birke, aber auch Gräser, deren Pollen bei Allergikern schwere Anfälle von Heuschnupfen hervorrufen können. Durch einen gesteigerten Polleneintrag im Frühling wird die Königin zur vermehrten Eiablage stimuliert, das Volk wächst, ebenso der Bedarf an Pollen. Späte Kälteeinbrüche behindern die Sammelaktivität und haben den umgekehrten Effekt, sie können die Brutentwicklung empfindlich stören.

●●● **Ein blühender Apfelbaum bietet Bienen einen reich gedeckten Tisch**

Die strenge Bienenhierarchie

Bienen haben eine strenge Arbeitseinteilung, und so gibt es nicht einfach Trachtsammlerinnen, die mitnehmen, was sich anbietet, sondern je nach Bedarf werden mehr Nektar- oder Pollensammlerinnen ausgeschickt. Letztere erkennt man an ihren gelben Pollenhöschen. Sie entstehen, indem die Biene mit Vorder- und Mittelbeinen den im Haarkleid von Kopf und Brust hängen gebliebenen Pollen zusammenschiebt. Pollensammlerinnen sollen eine größere Lernfähigkeit als Nektarsammlerinnen besitzen. In den Stock zurückgekehrt, wird der Pollen der eifrigen Sammlerinnen von Arbeiterinnen abgenommen, von diesen mit Nektar und Speichel befeuchtet und in den Waben eingelagert, um dann an die Brut verfüttert zu werden. Je nach Ergiebigkeit der Umgebung sammelt ein Bienenvolk innerhalb eines Jahres 10 bis 40 kg Pollen und produziert in guten Jahren bis zu 50 kg Honig. Eine Biene vermag ziemlich schwer zu tragen, manche Forscher meinen, sogar das Doppelte ihres Körpergewichts.

Propolis oder Bienenharz entsteht aus dem Harz von Bäumen, Knospen oder Blättern und wird von den Bienen mit Wachs, Pollen und ätherischen Ölen angereichert. Die aus dem Griechischen stammende Bezeichnung bedeutet „vor der Stadt". Die Bienen setzen das aus rund 300 verschiedenen Komponenten bestehende Harz nämlich als eine Art desinfizierenden Schutzwall vor ihre Einfluglöcher, reparieren damit aber auch undichte Stellen und mumifizieren in den Stock eingedrungene Tiere, die sie aufgrund ihrer Größe nicht aus dem Stock entfernen können. Seit Jahrtausenden wird Propolis von Menschen in vielfacher Form angewandt, es gehört zu den wunderbaren Produkten, die wir den Bienen verdanken. Es enthält ein starkes natürliches Antibiotikum und ist das Desinfektionsmittel des Bienenstocks. In der Volksmedizin ist es eines der wichtigsten Hausmittel.

Der sogenannte Lagen- oder Trachthonig

… kann einen sehr unterschiedlichen Geschmack aufweisen, je nachdem, welcher Blütenanteil dominiert. Es gibt Akazien-, Almrosen-, Heide-, Kastanien-, Klee-, Lavendel-, Lindenblüten-, Robinien-, Waldhonig u. a. m. Manuka-Honig stammt aus der in Neuseeland wachsenden Südsee-Myrte, zählt zu den teuersten Honigsorten dieser Welt und wird für medizinische Zwecke, wie Wundheilung, verwendet. Sortenhonig ist nie ganz rein, dagegen muss die regionale Herkunftsangabe zu 100 % stimmen.

Die einjährige *Tithonia* begeistert mit ihren roten Blüten auch unsere Augen

Honigtau wird von Bienen aus den Ausscheidungen von Blattläusen gesammelt, die an bestimmten Baumarten den zuckerhaltigen Pflanzensaft aufsaugen, ihn verändern und dann tröpfchenweise wieder ausscheiden. Der Honigtau auf Blättern und Nadeln wird von der Honigbiene gesammelt, die anschließende Honigbereitung erfolgt wie beim Nektar. Das Endprodukt ist der besonders würzige, dunkelbraune Honigtau- oder Waldhonig. Vermutlich nehmen die Bienen Honigtau auch deshalb so gerne an, da er im Sommer zur Verfügung steht, wenn es in manchen Gegenden nach der Heuernte weit weniger blühende Trachtpflanzen gibt. Bienen denken offensichtlich rationell und stellen keine besonderen Ansprüche an die Herkunft ihrer Energiequelle. Je nach Baumart hat der Waldhonig einen unterschiedlichen, sehr würzigen Geschmack. Er ist besonders reich an Enzymen und Mineralien und enthält ätherische Öle, denen man eine Heilwirkung bei Bronchialerkrankungen zuschreibt. Der leicht bitter schmeckende, aber sehr gesunde dunkle Edelkastanienhonig enthält übrigens meistens auch einen bestimmten Anteil an Honigtau.

Die Lavendelblüte wird von Bienen gestürmt

Kaum zu glauben

Dass Bienen äußerst nützliche Tiere sind, wird niemand bestreiten. Verblüffend ist aber wohl die Erkenntnis, dass sie auf ihre Umgebung auch eine gar nicht so geringe Düngewirkung haben, da sie im Lauf eines Bienenjahrs eine beträchtliche Menge an organischem Dünger fein verteilt in der näheren Umgebung des Standes hinterlassen. Ein Bienenstand mit 30 Bienenvölkern soll pro Jahr rund eine Tonne organischen Dünger produzieren.

Bienen liefern nicht nur Honig

Gelee Royale ist das kostbarste Produkt des Bienenstocks und wird in den Futtersaftdrüsen der jungen Ammenbienen produziert, die damit jene Larven füttern, aus denen die zukünftigen Königinnen entstehen. Es verspricht eine 50-mal höhere Lebenserwartung, als sie dem arbeitenden Volk beschieden ist. Es wird im medizinischen Bereich breit gefächert verwendet und gilt als natürliches Mittel bei Virusinfektionen.

Bienenwachs wird von den im Stock arbeitenden Bienen aus Drüsen ausgeschieden, um damit Waben aufzubauen. Die alten Waben werden vom Imker aus dem Stock genommen, eingeschmolzen, gereinigt und das saubere Wachs entweder den Bienen zurückgegeben oder anderweitig verwendet.

© Gerda Walton

Honigbienen sammeln keinen Honig

... sondern immer nur die Zutaten, zuckerreichen Nektar oder Honigtau, die dann in mühevoller Gemeinschaftsarbeit, so wie es eben Bienenart ist, in einem aufwendigen Prozess zu Honig veredelt werden. Die ausfliegenden Trachtbienen sammeln in einer Honigblase die Honig-Rohstoffe. Bereits vor der Ablieferung im Bienenstock beginnen sie durch in ihrem Speichel enthaltene Enzyme mit der so bezeichneten Invertierung. Dieser „Produktionsschritt“ wird durch die Arbeiterinnen, von denen sie vor dem Bienenstock bereits erwartet werden, fortgesetzt. In einer als Futterkette bezeichneten Aktion wird der „Noch-nicht-Honig“ von Biene zu Biene weitergereicht, jeweils mit Enzymen aus Drüsen angereichert und so lange bearbeitet, bis er zwecks Haltbarmachung nur noch einen Wassergehalt von 18–20 % aufweist, sonst besteht die Gefahr der Gärung. Ist der Honig nach Bienenmeinung als fertig zu betrachten, wird er in einer Zelle mit einem Wachsdeckel sorgsam verschlossen. Er hat ja auch viel, viel Arbeit gemacht. Und dann kommt der Mensch und bedient sich einfach.

© Gerda Walton

Manche Pflanzen, wie die Lysimachien, stellen Bienen statt Nektar auch fette Öle zur Verfügung

BIENENTRACHTPFLANZEN

Warum Bienen unsere hilfreiche Hand brauchen

Wer seinen ihm anvertrauen Bereich bewusst bienenfreundlich gestaltet, der unterstützt dadurch nicht nur unsere Honigbienen, sondern auch unzählige andere bestäubende Insekten. Egal, ob es sich um Garten, Terrasse, Balkon, begrüntes Dach oder die natürlichen Refugien Wald, Wiesen, Felder und Straßenränder handelt – jedes noch so kleine Fleckchen ist von Bedeutung. Gleichzeitig hilft man aber auch vielen vom Aussterben bedrohten

© Hermann Oberreiter

Der Schwalbenschwanz liebt Phlox, für Bienen ist die Pflanze uninteressant

Vogelarten, da Bienentrachtpflanzen häufig zusätzlich hochwertiges Futter für Wildtiere liefern. Unsere so selten gewordenen heimischen Schmetterlinge freuen sich ebenfalls über ein nektarreiches Blütenangebot und für ihren Nachwuchs geeignete Futterpflanzen und bedanken sich dafür mit ihrem liebenswerten, aber leider immer seltener werdenden Besuch.

Bienentracht- oder Bienenweidepflanzen sollten keineswegs nur von ImkerInnen gepflanzt werden, sondern vielmehr von all jenen,

Der Mensch braucht die Biene und die Biene den Menschen.

Bio ist für Bienen wichtig

Indem wir unsere Gärten und Balkone nach biologischen Richtlinien gestalten, helfen wir allen fliegenden Individuen, in ihrem Existenzkampf zu bestehen. Denn ganz gleich, ob auf Feld, Acker oder in unseren Gärten, Bio kann nur funktionieren, wenn wir der Natur generell wieder mehr Möglichkeit geben, sich selbst zu regulieren, und dabei leisten Insekten aller Art einen wesentlichen Beitrag. Ohne viel mehr Bio und eine drastische Reduzierung insektenschädigender Schadstoffe werden Bienen, und damit auch wir, diesen Interessenskonflikt langfristig wohl kaum bestehen können.

denen es ein Anliegen ist, einen persönlichen Beitrag zu leisten. Dadurch fördert man Bienen, die im globalen Naturkreislauf generell unverzichtbar und am Entstehen vieler unserer Nahrungsmittel maßgeblich beteiligt sind. Auch die Biodiversität allgemein wird unterstützt.

Vielen Ursachen des fortschreitenden Insektensterbens können wir als Einzelne nur wenig entgegensetzen. Aber das, was wir tun können, nämlich Bienen aller Art durch sie nährende Pflanzen am Leben zu erhalten, das sollten wir auch wirklich tun.

Bienentrachtpflanzen oder Bienenweiden

Darunter verstehen wir Pflanzen, die aufgrund ihres reichen und auch leicht zugänglichen Angebots von Nektar oder Pollen von Bienen besonders erfolgreich abgeerntet werden können. Der Aufbau der Blüten spielt dabei für die unterschiedlichen Arten eine sehr wichtige Rolle. Honigbienen bevorzugen ungefüllte, sich weit öffnende Blüten, in denen Nektar oder Pollen, am besten beides, leicht erreichbar zur Verfügung steht. Ob es sich dabei um heimische oder „eingewanderte" Pflanzen handelt, interessiert die Insekten nicht. Sehr wohl aber sind sie wählerisch, was die Qualität von Nektar und Pollen betrifft. Ihr Motto lautet: Viel und gut, und das möglichst rationell. Geht man der Herkunft vieler unserer als „heimisch" geltenden Pflanzen nach, erlebt man ohnehin laufend Überraschungen.

Indianernesseln sind begehrte Bienenweiden

Unser Tipp

Hat man nur wenig Platz zur Verfügung, plant man die Menüfolge einer „Bienenspeisekarte" am besten gemeinsam mit ebenfalls bienenfreundlichen Nachbarn. Honigbienen, so das Angebot stimmt, nehmen auch kleine Flugstrecken auf sich, während Hummeln nicht so weit fliegen. Durch die Anpflanzung von Bienenweiden in Töpfen kann man übrigens auch in kleinen Gärten und auf Balkonen seine Möglichkeiten entscheidend verbessern, indem man „abgeerntete" Töpfe austauscht. Innovative Gärtner halten bis in den Spätherbst hinein Bienenweidepflanzen zum Verkauf bereit.

Parkplätze sind vielfach unverzichtbar, könnten durch Blumentöpfe aber bienenfreundlich werden

Ein vom zeitigen Frühjahr bis in den Spätherbst hinein blühender Garten verlangt neben intensiver Betreuung auch einiges an Denkarbeit. Im Vergleich zu einem üppigen Blumen- oder vielseitigen Bauerngarten ist ein mit Rasen und Hecken ganz in Grün und ohne Blütenpflanzen gehaltener Garten pflegeleichter, manche finden ihn so auch völlig in Ordnung. Insekten haben aber eine andere Sichtweise. Für sie stellt er eine Wüste, eine sinnlose Vergeudung möglicher „Ressourcen" dar. Zudem sind allerorts ziemlich gedankenlos gepflanzte Sträucher wie die Forsythie zu finden, deren sterile Blüten zwar schön sind, aber keine Bienen zu ernähren vermögen. Pflanzt man hingegen bewusst bienenfreundlich, wird man durch die sichtliche Begeisterung, mit der sich Insekten aller Art auf unsere Bienenweidepflanzen stürzen, reich belohnt. Wir stellen in diesem Buch eine Fülle von Möglichkeiten vor, wie man dieses Ziel auch mit wenig Aufwand erreichen kann.

●●● **Eine klassische Bienenwüste**

Wichtig ist vor allem die lückenlose Bereitstellung eines umfangreichen und vielseitigen Angebots vom ausgehenden Winter bis in die letzten Spätherbsttage hinein, und das über Jahre hinweg, da sich Wildbienen gern in der Umgebung ihrer Nahrungsquellen ansiedeln. Dabei ist es nicht ausschlaggebend, ob es sich um ein- oder mehrjährige, preiswerte oder teure Pflanzen handelt.

Honigbienen sind blütentreu

... und auf jedem Flug auf eine bestimmte Blütenform fokussiert, während Hummeln und Wildbienen das nicht so eng sehen und gern von überall ein bisschen naschen. Diese Eigenart macht Honigbienen zu verlässlichen und ausdauernden Bestäubern. Durch die Anpflanzung von Trachtpflanzen in kleinen Gruppen kann man dieser Eigenart auch im Garten entgegenkommen und Bienen das Leben erleichtern. Immerhin werden auf jedem Ernteflug je nach Ergiebigkeit bis zu 100 Blüten angeflogen. Violette, blaue oder weiße Blüten werden bevorzugt, auch orange und gelbe werden gern angeflogen. Intensives Rot wird als Schwarz wahrgenommen und ist am wenigsten gefragt.

●●● **Bienen bevorzugen blaue Blüten**

Was brauchen Bienen wann?

Fast immer sind unsere Möglichkeiten, Bienentankstellen anzubieten, aus Platzgründen eher begrenzt, und nur wer die effizientesten Bienenweiden und den Zeitpunkt kennt, zu dem diese Bienen auch tatsächlich Nahrung liefern, kann den ihm zur Verfügung stehenden Platz „bienenoptimal“ nützen. Eingehende Beobachtungen sind unerlässlich. Achten Sie auf ein gezieltes Timing, das einerseits auf Versorgungslücken, z. B. nach der ersten Wiesenmahd, andererseits auf die Abläufe im Bienenstock Bedacht nimmt. Wer Bienen effektiv helfen will, muss ihnen einen nektar-, aber auch pollenreichen Tisch decken. Honigbienen fliegen zwar einen Radius von rund drei Kilometern an, trotzdem sind Bienenweidepflanzen, die möglichst nahe am Bienenstock blühen, von größter Bedeutung, da sie die Bienen wenig „Flugbenzin“ kosten.

Die ergiebigsten, aber nicht unbedingt besten „Massentrachten“

Raps (*Brassica napus*) steht Bienen zweimal pro Jahr zur Verfügung. Seine Kultur wurde zwecks Herstellung von „nachwachsendem Treibstoff“ enorm forciert und ist vielfach Ziel von Wanderimkern. Für Bienen sind die riesigen Rapsmonokulturen als Nektar- oder Pollenquelle aber mehrfach problematisch.
Das Saatgut wird oft gebeizt und die riesigen, gelb blühenden Flächen führen im April/Mai zu einer extrem starken Vermehrung im Bie-

Rapsblüte in Tirol mit Blick auf das Inntal

nenstock. Die Überzahl an Nachkommen kann dann nach dem Abschluss der Blüte nicht mehr ernährt werden, wenn sich keine anderen Massentrachten ergeben. Die Blüten besitzen für uns unsichtbare Leuchtstreifen, die Insekten direkt zu Pollen und Nektar führen. Wird Raps nach der Getreideernte als Gründüngungspflanze gesät, kann er bei günstiger Witterung noch im Spätherbst zur Blüte kommen und späten Nektar liefern.

Buchweizen (*Fagopyrum esculentum*) gilt nach Jahren der Missachtung derzeit als menschliches Superfood und wird dementsprechend wieder vermehrt angebaut. Er gedeiht auf nährstoffarmen Böden. Durch seinen extremen Nektar- und Pollenreichtum gehört er für Bienen zur Lieblingsnahrung, zumal sich die Blüte bis in den September hinein erstreckt. Der Honig dient allerdings eher der Selbstfütterung der Bienen im Winter, da ihm „im Abgang" animalische Aromen zugeschrieben werden. Wie gut, dass die Geschmäcke, auch was den Honig betrifft, verschieden sind, so bleibt auch den Bienen etwas übrig.

© Gerda Walton

Buchweizen – Superfood für Bienen

Gut zu wissen

Bienen verfolgen konsequent ihre eigenen Vorstellungen, was für sie am besten ist. Zu unserer Enttäuschung sind das nicht immer die von uns im guten Glauben zur Verfügung gestellten Bienenweiden, was aber keineswegs bedeutet, dass unsere Tankstelle nicht funktioniert. Es ist nur ein Zeichen, dass irgendwo anders gerade eine unwiderstehliche Quelle sprudelt, vermutlich eine Massentracht, und das sollte uns für die Bienen freuen. Hummeln oder Wildbienen verfolgen dagegen eine andere Strategie und besuchen oft einzelne Blüten, gern auch Unkrautpflanzen. Mit sicherem Bienenbesuch im Garten kann man zur Blütezeit des für Bienen unwiderstehlichen Alliums rechnen, auch Ramblerrosen, Kletterhortensien, Lavendel, Katzenminze, Astern, Disteln oder Agastachen sind extrem starke Anziehungspunkte. Die braunen Zwiebeln des Alliums müssen im Herbst eingegraben werden und kommen Jahr für Jahr wieder. Die Blütenstände sind nach dem Abblühen zwar noch lange dekorativ, wenn sich das *Allium* aber nicht über das ganze Beet ausbreiten soll, sollte man sie rechtzeitig vor der Samenreife abschneiden.

© L F File/Shutterstock.com

Löwenzahn (*Taraxacum officinale*). Auch wenn der Blütenreichtum unserer Wiesen weitgehend verschwunden ist, der Löwenzahn behauptet sich, verdrängt aber auf einer Wiese viele Mitbewerber. Er stellt jedoch vor dem Beginn der Obstbaumblüte eine wichtige Nektar- und Pollenquelle zum Aufbau der Bienenvölker nach dem Winter dar. Sein Honig kann eine etwas scharfe Geschmacksrichtung haben, die aber durch die Obstbaumblüte gemildert wird.

Löwenzahnwiese im Zillertal

Die Sache mit dem Biohonig

... ist nicht so einfach. Es liegt auf der Hand, dass es uns als Konsumenten vorrangig darum geht, von unseren Bienen möglichst rückstandsfreien Honig frei Haus geliefert zu bekommen, aber die Sache hat einen Haken. Bio-Imker unterliegen zwar strengen Auflagen und treffen eine sorgfältige Auswahl des Standorts, aber Bienen haben ihren eigenen Kopf, und das nicht nur, was ihre Nektar- und Pollenquellen anbelangt. Sie lassen sich von uns zwar gern mit Biofutterpflanzen verwöhnen, letztendlich aber nicht vorschreiben, welches Feld oder welchen Garten sie anfliegen. Ideal wäre es, wenn im Flugradius der Bienen nur biologisch bewirtschaftete Felder oder Gärten liegen würden, aber so weit sind wir leider noch lange nicht. Hier können wir als Konsumenten aber fraglos einen wichtigen Beitrag leisten, indem wir bewusst auf Produkte aus der Biolandwirtschaft zurückgreifen und so immer mehr Produzenten darauf einstimmen, biologisch zu wirtschaften. Bienen arbeiten rationell, und wenn wir ihnen rückstandsfreie Blüten in nächster Nähe des Bienenstocks anbieten, werden sie diese auch nützen.

Ein reiches Nektarangebot bringt viel Honig

Honigbiene kontra Wildbiene – eine sehr „menschelnde" Auseinandersetzung

… zwischen ImkerInnen und WildbienenfreundInnen, in der manche sogar so weit gehen, in der gezüchteten Honigbiene eine der Ursachen für das Artensterben der Wildbienen zu sehen und umgekehrt. In Zeiten des Nahrungsmangels kann die Honigbiene rein durch ihre große Anzahl Konkurrenzdruck auf andere Blütenbesucher ausüben. Wenn allerdings viele verschiedene Pflanzen blühen, was in der Natur das Normale wäre, stürzen sich die Honigbienen auf die Massentrachten und die Wildbienen eher auf die restlichen Blütenpflanzen, die auch bestäubt werden müssen. Fest steht, dass beide für unsere Nahrungsversorgung unverzichtbar sind und jeder Einzelne von uns enorm viel dazu beitragen kann und muss, um die Existenz beider Arten zu sichern. Mit ungläubigem Staunen betrachten wir Menschen die zielgerichtete Ernte der unterschiedlichsten Insektenarten von ein und derselben Blüte, z. B. von einer Kugeldistel. Wir sollten uns diese Eintracht zum Vorbild nehmen und nicht darüber diskutieren, wer auf dieser von uns bereits so tief geschädigten Welt mehr Existenzberechtigung hat, Wild- oder Honigbiene. Wenn auch Wildbienen, vor allem die so sympathischen dicken Hummeln, eine wesentlich höhere Bestäubungsleistung erbringen, nur domestizierte Bienen lassen sich in den benötigten Mengen einsetzen. Aber der Mensch hat auch Jahrtausende für diesen „Dressurakt" benötigt. Jedem Imker, jeder Imkerin gebührt unser aller Dank, genauso aber auch jedem, der Nistmöglichkeiten für Wildbienen schafft und sich für ihr Überleben einsetzt. Dank verdienen auch all jene, die ihre Gärten, Balkone, Dächer, Feldraine und vieles mehr zu Bienenoasen umgestalten, damit ImkerInnen mit ihren Bienenstöcken nicht aus einer blütenleeren Agrarlandschaft in die letzten naturnahen Landesteile ziehen müssen, um das Überleben ihrer Bienen zu sichern. Das gemeinsame Anliegen aller muss vielmehr sein, die Menge und vor allem auch den Artenreichtum des Blütenangebots zu erhöhen und zu sichern. Denn ganz gleich, ob Honigbiene oder Wildbiene, sie sind alle ein unverzichtbarer Bestandteil des Ökosystems Erde.

© Alex Würtenberger

INSEKTENHOTEL ODER WILDBIENENHAUS?

Willkommen in der Herberge zur wilden Biene

Wer sich für Bienen und deren Rolle im Zusammenspiel zwischen Menschen und Natur mehr als nur oberflächlich interessiert, der wird im Verlauf seines nie endenden Lernprozesses unweigerlich immer tiefer auch in die faszinierende Welt der Wildbienen eintauchen und dabei höchst Interessantes, leider auch Alarmierendes entdecken. Honigbienen haben ihren schützenden Bienenstock. Die Idee, für bedrohte, frei lebende Bienenarten Schutzräume, Verstecke und Unterschlupfe zu schaffen, in denen sie auch ihre Nachkommen unterbringen und versorgen können, weckt in jedem naturverbunden denkenden Menschen den Beschützerinstinkt.

Während die Aufstellung eines Bienenstocks doch einiges an Fachwissen und eine nicht zu unterschätzende Hingabe zum Thema Bienen voraussetzt, glaubt man, Wildbienen & Co. durch ein Insektenhotel im Garten oder auf dem Balkon ganz einfach Unterkunft geben zu können. Es gilt fraglos derzeit als „in", sich mit so einem mehr oder minder dekorativen Ding als Naturschützer zu outen. Aber nur wenige „Insektenhoteliers" wissen genauer darüber Bescheid, welche fliegenden Gäste diese zur Verfügung gestellte Unterkunft auch in Anspruch nehmen, und sind enttäuscht, wenn die mit Spannung erwarteten Besucher häufig ausbleiben. Falls sich das Hotel aber tatsächlich – und vor allem auch über einen längeren Zeitraum hinweg – mit den unterschiedlichsten Hausgästen füllen soll, so funktioniert das nur unter Rücksichtnahme auf deren manchmal sehr spezielle Bedürfnisse und Verhaltensweisen,

Besiedlung nach einem Jahr, fotografiert Sommer 2020 – Geduld und ein allfälliger „Hotelumbau" sind gefragt

In der Natur ist kein Irrtum, der Irrtum ist in uns.

Nach Leonardo da Vinci

und die sind so vielfältig wie ihr Aussehen. Übrigens: Die Bezeichnung „Bienenhotel" ist eigentlich irreführend, da es sich im Grunde genommen um kein Hotel, sondern um eine Nisthilfe zum längeren Gebrauch handelt. Rund 70 % unserer Wildbienen nisten im Boden und kommen daher als Hausgäste überhaupt nicht infrage.

Die meisten der fix und fertig möbliert gekauften, luxuriösen Insektenhotels orientieren sich viel zu sehr an menschlichen Maßstäben und werden vermutlich auch aus diesem Grund von uns gern gekauft, ohne jedoch den tatsächlichen Ansprüchen jener gerecht zu werden, für die sie eigentlich gedacht sind. Man könnte es wohl so ausdrücken: Entweder man hängt ein zwar dekoratives, aber wenig effizientes Modell auf, oder man hat vorrangig das Wohlergehen der Wildbienen im Auge und begnügt sich mit unansehnlichen, dafür aber zumindest von einigen Arten akzeptierten Unterkünften.

Die beste Förderung von Wildbienen und Hummeln

... durch uns Menschen ist fraglos die lückenlose Bereitstellung eines umfangreichen Angebots von Trachtpflanzen vom zeitigen Frühjahr bis in den späten Herbst hinein und der hundertprozentige Verzicht auf Pestizide. Eine noch so gut gemeinte Nisthilfe bringt nichts, wenn in der Umgebung nicht das entsprechende Nahrungsangebot blüht, zumal speziell Hummeln keinen großen Flugradius haben. Die meisten Bienen- und Hummelarten sind viel lieber Gäste in einem vielseitigen Naturgarten als in einem noch so gut gemeinten, aber ihren Bedürfnissen nicht entsprechenden Hotel.

© Gerda Walton

© Alex Würtenberger

Dieses Insektenhotel dient eher dem Betrachter als den Bienen

Von diesen Hotels werden nicht alle Zimmer besiedelt werden

Insektenhotels sind immer nur ein gut gemeinter Ersatz für verloren gegangene, natürliche Nistmöglichkeiten. Wildbienen als häufigste Bewohner sind aber ziemlich ortstreu und keine Mietnomaden, und es kann durchaus dauern, bis sie sich zum Übersiedeln entschließen. Viele Arten, wie Einsiedler- oder Solitärbienen, bevorzugen zur Aufzucht ihres Nachwuchses

Die Blaue Holzbiene (*Xylocopa violacea*) zählt zu den Solitärbienen und bohrt ihre Nistgänge in trockenes, bereits morsches Holz

Originelle Bienenhotel-Bauweise

Wasserstellen für Bienen nicht vergessen!

Oftmals übersehen wird vielfach die Tatsache, dass Bienen, wie alle Lebewesen, Wasser benötigen, weshalb man ihnen nicht nur Blühendes oder eine Nisthilfe, sondern unbedingt auch Wasserstellen zur Verfügung stellen sollte. Ein Bienenvolk benötigt pro Jahr 20 bis 30 Liter Wasser, für dessen Beschaffung eigene Wasserträgerinnen zuständig sind. Bienen brauchen Wasser zur Kühlung im Bienenstock, aber auch, um den zwecks Haltbarmachung wasserreduzierten Nektar wieder zu verflüssigen. Einige Wildbienenarten benötigen es auch zur Erzeugung von einer Art Mörtel, mit dem sie ihre Nisthöhlen verschließen. Steht in der Natur irgendwo ein auch in extremen Trockenzeiten bestehendes, noch so kleines Rinnsal zur Verfügung, kann man beobachten, dass es ständig von Bienen frequentiert wird. Die Wasseraufnahme dauert wesentlich länger als ein Blütenbesuch. Leider sind es vielfach durch Pestizide verseuchte Ackerpfützen, aus denen Bienen notgedrungen Wasser aufnehmen müssen. Unsere Wasserstellen sollten möglichst flach und etwas bemoost sein, da Bienen moosiges Wasser, das für sie wichtige Mineralstoffe enthält, vorziehen. Einfach ein paar Stücke Moos ins Wasser geben, den Rest erledigt die Natur von selbst.

Bienen an einer natürlichen Wasserstelle

Balkongeeignete Bienentränke

Großzügige Bienentränke im Garten

Positives Beispiel – ein Insektenhotel mit Herz

durch andere Insekten angelegte Bohrlöcher in altem Holz, andere graben ihre Nester in Sand- oder Lehmboden, nützen verlassene Mäuselöcher, leere Schneckenhäuser, mit Sand verfugte Steinplatten oder locker geschichtete alte Steinmauern. Es gibt aber auch Brut- und Sozialparasiten, die auf ein Eigenheim gar keinen Wert legen und ihre Eier in ein bereits von anderen Wildbienen gebautes Nest legen, um Nachkommen dort aufwachsen zu lassen. Eine zweckmäßige Bleibe für holzbewohnende Wildbienen mit solitärer Lebensweise, die gern künstliche Nisthilfen in Anspruch nehmen, kann man einfach selbst basteln. Wichtig ist, nur gut abgelagertes, unbehandeltes Laubholz wie Eiche oder Esche zu verwenden. In zu frischem Holz können beim Trocknungsprozess zwischen den einzelnen Bohrlöchern Risse entstehen, wodurch sie für ein nach einer geeigneten Kinderstube Ausschau haltendes Wildbienenweibchen uninteressant werden. Die Löcher sollten zwischen

Wildbienenquartier im Schneckenhaus

In jedem Garten findet man nach der Schneeschmelze unbewohnte Schneckenhäuser, die ein z. B. von der Schneckenhausbiene gern angenommenes Quartier ergeben. Man gibt diese Behausungen am besten einfach ins „wilde Eck", das jeder Garten aufweisen sollte. Ab April legt die Biene in jedes Schneckenhaus, in das sie vorher Pollen als Nahrungsvorrat deponiert hat, je ein Ei. Dann wird das Haus mit einer Art Mörtel verschlossen, mit der Öffnung nach unten gedreht, damit kein Wasser eindringen kann, und mit mühsam herbeigetragenen Grashalmen getarnt. Bis zum Ende ihres kurzen Lebens, Anfang Juli, legt sie mehrere solcher Nester an. Sieht man irgendwo im Garten ein faustgroßes Hügelchen, könnte es sich um eine ihrer Kinderstuben handeln. Die Goldene Mauerbiene wiederum tarnt die besiedelten Schneckenhäuser, vorwiegend der Weinbergschnecke, vor dem Bezug durch eine Art Mörtel aus zerkauten Blättern und legt darin bis zu zehn Brutzellen an. Die Mohnbiene kleidet ihre Brutnester mit den Blütenblättern des Klatschmohns aus, die Blattschneiderbiene bevorzugt grüne Blattstücke. Über Geschmack lässt sich bekanntlich nicht diskutieren.

Klatschmohn bietet Futter und Baumaterial

Ein Schneckenhaus lässt sich auch von obdachlosen Bienen bewohnen

Die Schwarzbürstige Mauerbiene ist vom Aussterben bedroht – ihre Nester legt sie in selbst gegrabenen Holzräumen und Totholz an

Die auffällige Baumhummel nistet gerne in luftiger Höhe

3 und 8 mm variieren und immer in Längsrichtung bohrertief und einseitig offen angelegt werden. Durch Beobachtung merkt man bald, welches Format gefragt ist und welches nicht. Die Ränder der Bohrlöcher dürfen nicht ausgefranst sein, damit die zarten Flügel späterer Bewohner nicht beschädigt werden. Günstig sind einfache Bambusstäbe oder hohle Grashalme, die in jedem Frühjahr ausgewechselt werden sollten, da bereits benützte Nisthilfen nur bei akutem Nistplatzmangel wiederholt besiedelt werden. Hängt man eine Insektenbleibe auf, ist eine ganzjährige, stabile Anbringung an einer möglichst warmen, sonnigen und vor Regen und Wind geschützten Wand, die eine freie und ungefährdete Flugbahn für Start und Landung gewährleistet, entscheidend wichtig. Gegen gefräßige Vögel sollte sie durch ein Netz oder ein nicht zu kleinmaschiges Gitter geschützt werden, obwohl Vögel mit dem Stöbern im Insektenhotel im Grunde genommen auch nichts anderes tun, als ihren Hunger zu

Totholz ist Nistplatz für viele Nützlinge

Die Tonerdhummel-Königin (*Bombus angillaceus*) bevorzugt als Quartier für ihren Nachwuchs von der Schermaus angelegte Löcher

stillen und ihre Nachkommen zu versorgen. So ist eben der Kreislauf der Natur.

Mauerbienen stellen die häufigsten Gäste unserer Insektennisthilfen dar. Dazu zählen die Rote und die Gehörnte Mauerbiene, die beide bereits bei sehr niedrigen Temperaturen ausfliegen. Sie gelten als besonders effiziente Bestäuberinnen

und sind sogar für große Obstplantagen wichtig, da die Obstbaumblüte oftmals in späte Kälteperioden fällt, während derer Bienen nicht ausfliegen. Bei gut funktionierenden Nisthilfen kann die Population binnen weniger Jahre stark ansteigen, dann gilt es, eine Nahrungsunterversorgung zu verhindern, indem man zeitige Frühjahrsblüher zur Verfügung stellt. Mit der Anzahl an Bienen steigt leider auch die Gefahr eines Milbenbefalls, wenn nicht auf peinliche Sauberkeit geachtet wird.

Gut zu wissen

Im Herbst kann man durch einfaches Nichtstun mit Überlegung die Biodiversität im Garten fördern, indem man verdorrte Stauden nicht zurückschneidet und den Wildbienen so die einfachste Form einer Insektenherberge überlässt. Auch das „wilde Eck“ bleibt unaufgeräumt, hier darf wachsen und wohnen, wer oder was immer sich dort wohlfühlt. Rund zwei Drittel aller Wildbienen überwintern meist als Ruhelarve oder Vorpuppe in Brutkammern, entweder in Bodennestern, Totholz oder in verlassenen Vogelnistkästen. Gern besiedeln sie auch senkrecht stehende hohle Stängel von Sonnenblumen, Königskerzen, Kompasspflanzen, Brombeerranken oder hohle Halme von Ziergräsern, so wir sie im Herbst stehen lassen.

Die Kompasspflanze und Sonnenblumen liefern besonders stabiles „Baumaterial“ für eine natürliche Insektenkinderstube

Bienenparadiese und Naturnischen gestalten –

Lebensräume für Biene & Mensch

© artjazz/Shutterstock.com

BAUM UND BIENE –
eine alte Zweckbeziehung

© Gerda Walton

●●● **Ohne Bestäuber keine Ernte**

Beim Stichwort Baum fallen einem spontan unsere Obstbäume ein, die ohne Symbiose mit der Biene den von uns erwünschen Ertrag nicht liefern könnten. Egoistisch, wie wir Menschen nun einmal sind, wird vorrangig aus Sorge, die Befruchtung unserer Obstlieferanten könnte nicht mehr gewährleistet sein, den bienenfleißigen Völkern wieder vermehrte Aufmerksamkeit zuteil.

Viel zu wenig wird allerdings noch immer an die Anpflanzung von zwar bienenfreundlichen, uns Menschen aber nicht unmittelbar durch eine reiche Ernte belohnende Bäume oder Großsträucher gedacht. Gerade im öffentlichen Bereich, von der Dorfbildgestaltung bis zur Befestigung erosionsgefährdeter, instabiler Hänge bei der Wildbach- oder Lawinenverbauung, ließe sich durch „Bienentankstellen" in Form von Bäumen und Großsträuchern unterschiedlichen Formats, ein enorm wichtiger Beitrag zumindest zur Verzögerung des dramatischen Rückgangs der Artenvielfalt leisten. Diese Pflanzen dürfen nicht ständig bis in Bodennähe zurückgeschnitten werden. Zur Blütezeit wie auch zusätzlich durch ihren Fruchtschmuck stellen sie eine reiche Nahrungsquelle für die verschiedensten Tierarten dar. Anstatt viel mehr Blütenbäume zu pflanzen, fallen täglich unzählige dieser eminent wichtigen Bienenfutterquellen Baumaßnahmen zum Opfer, und wenn heute im öffentlichen Bereich doch noch Bäume nachgepflanzt werden, so achtet man vor allem darauf, dass diese in erster Linie als pflegeleicht gelten. Dass neu gepflanzte Bäume neben anderen Funktionen künftighin auch als wertvolle Großspender von Insektennahrung dienen könnten, ist

Für eine Biene kann ein einziger blühender Baum das Universum bedeuten.

Gerda Walton

Biene und Baum

Einst waren Honigbienen Baumbewohner. Erst wir Menschen haben sie – ausschließlich unseres Vorteils wegen – in Bienenstöcke gezwängt. Nach wie vor betrachten Bienen blühende Bäume und Sträucher als ihre bevorzugten Nahrungsquellen. Die Gehölze bieten auch die von den Insekten geschätzten Massentrachten an. Bereits im Jahr 1799 wurde vom österreichischen Kaiserhaus die Anpflanzung von Linden und Akazien auf das Eindringlichste empfohlen.

Wald-Pelzbiene

Bevor Sie einen bienenfreundlichen Baum pflanzen …
So schön Bäume auch sein mögen, von Jahr zu Jahr benötigen sie mehr Raum. Zwar kann man heute einen zum Problem gewordenen Baum, nicht gerade billig, aber relativ einfach, wieder entfernen, indem er angekettet, abgesägt und von einem mobilen Kran aus dem Garten herausgehoben wird. Steht der Baum nahe einer Straße, kommt zum seelischen Schmerz über den Dahingeschiedenen, mit dessen klein zerstückelten Baumleichenteilen man dann über Jahre hinweg den Kachelofen beheizen kann, unter Garantie auch eine Publikumsbeschimpfung als Grünkannibale oder Baummörder. Ganz abgesehen von dem Problem, das die durch den halben Garten reichenden Wurzeln und der hässliche Baumstumpf darstellen. All dem kann man entgehen, wenn man im Garten ausschließlich kleinformatige Bäume setzt, die auch im ausgewachsenen Stadium in einem akzeptablen Verhältnis zur Gartengröße stehen, und Großbäume ausschließlich dort, wo sie sich über viele Jahrzehnte hinweg frei entwickeln können.

leider nur selten ein Kriterium, dabei ließe sich das eine durchaus mit dem anderen kombinieren. Eine einzige ausgewachsene Linde kann Bienen mehr Nahrung spenden als eine Wiese von mehreren Tausend Quadratmetern. Je weiter das Jahr voranschreitet, umso begrenzter wird das Angebot an blühenden Bäumen. Einer der wichtigsten ist fraglos der nur im warmen Klima gedeihende, im Juli mit der Blüte beginnende Bienenbaum. Obstbäume liefern zwar wertvolle Nahrung im Überfluss, blühen aber nur kurze Zeit und hinterlassen danach ein Vakuum, das früher durch eine vielgestaltige Wiesenblüte aufgefangen wurde. Aber wo gibt es die heute noch?

Für die bereits Ende März ausfliegende gehörnte Mauerbiene (*Osmia cornuta*) oder die Rostrote Mauerbiene (*Osmia bicornis*) bietet die Zierkirsche reichlich Nektar und Pollen

Gut zu wissen

Die nach einer Baumfällung zurückgebliebenen Baumstrünke können mit Spezialmaschinen herausgebohrt werden. Aus ausgegrabenen, nach oben gedrehten Wurzelresten lässt sich aber auch eine „Stumpery“ nach englischem Vorbild errichten, auf einem vollsonnigen Platz vielleicht mit unterschiedlichen Sedumarten bepflanzt, die über viele Sommermonate hinweg eine exzellente Bienenweide darstellen.

●●● **Mit Sedumarten bepflanzte „Stumpery“**

Der eine sieht nur Bäume dicht an dicht, der andere Zwischenräume und das Licht.

E. Matani

Bergahorn (*Acer pseudoplatanus*) Einer der ältesten bei uns heimischen Bäume, bis 30 m, Blüten erst ab ca. 30 Jahren, je nach Höhenlage IV–V. Höhengrenze in den Nordalpen bei ca. 1700 m, lange, bodenfestigende Wurzeln. Überreiche Nektar-, gute Pollenproduktion. Der aromatische Honig ist zumeist Bestandteil des Waldhonigs.

Rot-Ahorn (*Acer rubrum*) Solitärgehölz, Herbstfärbung, die tiefroten Blüten erscheinen in dichten Büscheln noch vor dem Blattaustrieb, III–IV, stellen also eine der frühesten Trachten des Jahres mit intensivem Pollenangebot dar. Typisches Waldrandgehölz aus nordamerikanischen Wäldern, Wuchshöhe 15–20 m, trägt zum berühmten Indian Summer bei. Flachwurzler, verträgt keine Bodenverdichtung, liebt eher feuchte, humose Böden, Starkzehrer, in den ersten Jahren nach der Pflanzung regelmäßig mit organischem Dünger versorgen.

●●● **Bergahorn**

●●● **Blüten des Rot-Ahorns**

Blasenbaum

Blauglockenbaum

Blumenesche

Bienenbaum (siehe Kapitel Klima, Seite 132)

Blasenbaum (*Koelreuteria paniculata*) Späte Blüte VII–VIII in lockeren gelben Rispen, daher wichtiger Imkerbaum. Frosthart, trockenheitsverträglich, sandig-lehmiger Boden, guter Stadtbaum, auch zur Hangbefestigung geeignet, Höhe bis 14 m. Eine schlanke Säule bis 10 m Höhe bildet der Säulenblasenbaum (*Koelreuteria paniculata* 'Fastigiata'), schöne Herbstverfärbung.

Blauglockenbaum (*Paulownia tomentosa*) Tiefwurzler, ausschließlich für warme Lagen, gesund und widerstandsfähig, schwach saurer Boden, stadtklima- und industriefest. Schnelles Wachstum bis 15 m, hitzeverträglich, attraktive große Blätter. Duftende blaue Riesenblüten relativ früh, IV–V, bei späten Kälteeinbrüchen sind sie frostgefährdet. Bei günstigen Wetterbedingungen reift der Samen aus und kann für ungewollte Verbreitung sorgen. Herrlicher Baum, guter Schattenspender.

Blumenesche (*Fraxinus ornus*) Auch Schmuckesche. Im Gegensatz zu anderen Eschen, die Windbestäuber sind, ist die Blumenesche eine exzellente Futterpflanze für Bienen, Hummeln und Schmetterlinge. Duftende weiße Blütenrispen bis 20 cm Länge, sehr pollenreich, Blütezeit V–VI. Langsam wachsend, bis ca. 17 m, Blüte erst nach 8 bis 10 Jahren. Tiefwurzler mit starkem Wurzelsystem, zur Hangbefestigung für vollsonnige, trockene Standorte, auch für geschützte, warme Waldrandlagen bestens geeignet. Abgas- und industriefest, steinig bis sandige, kalkhaltige Böden werden bevorzugt. Es gibt auch eine Züchtung mit kugelförmiger Krone, die nur 5–7 m hoch wird. Die **Chinesische Blumenesche** (*Fraxinus sieboldiana*) erreicht nur 5–6 m, eher strauchartiger Wuchs, normaler Gartenboden.

Eberesche (*Sorbus aucuparia*) Im Volksmund „Vogelbeerbaum". In Europa weit verbreitetes Pioniergehölz, prachtvolle, orangerote Herbstfärbung. Windstabiler Tiefwurzler für extreme Höhenlagen, für Wildbach- und Lawinenverbauung geeignet. Als Alleebaum unempfindlich gegen Luftverschmutzung, nicht unmittelbar an stark befahrene Straßen pflanzen, da Bodenverunreinigung durch herabfallende

Vogelbeere

Mehlbeere

Elsbeere

Speierling

Früchte möglich. Das abgefallene Laub zersetzt sich rasch, sein hoher Magnesiumgehalt wirkt humusverbessernd, daher guter Partner zur Verbesserung der Struktur von Fichtenwäldern. Bei Neupflanzung in wildreichen Gegenden Schutz gegen Wildverbiss unerlässlich. Langsamer Wuchs, bis 15 m. Stockausschläge wachsen mehrstämmig und bleiben kleiner. Für frühzeitigen Fruchtertrag Mitteltrieb und Leitäste einkürzen, bereits im Alter von 5 bis 6 Jahren blühfähig. Rahmweiße Blütenschirme am Zweigende V–VI, leicht unangenehmer Geruch, der insbesondere Käfer und Fliegen, aber auch Wild- und Honigbienen zur Bestäubung anlockt. Nektar- und Pollenwert hoch, Blätter Raupenfutter für Schmetterlinge. Die dekorativen roten Früchte sind nach dem Frost zwar essbar (Vogelbeerschnaps), aber wichtige Futterpflanze für unterschiedlichste Tierarten. In der Küche verwendbare Früchte mit höherem Zuckergehalt liefern Sorten wie Sorbus aucuparia 'Edulis'.

U. a. in Schottland und Irland wurde der „Rowan tree" traditionell zur Abwehr von Hexen vor das Haus gepflanzt.

Eine als Hausbaum geeignete Verwandte ist die hitzetolerante **Echte Mehlbeere** (*Sorbus aria*), Höhe bis 15 m, Blüte V–VI, kalkhaltiger Boden.

Die **Elsbeere** (*Sorbus terminalis*), auch „Schweizer Birnbaum" benannt, war 2011 Baum des Jahres, ist aber nur für große Gärten in warmer Lage geeignet. Tiefwurzler, bis 30 m, langlebig, gut zur Befestigung sonniger Hänge. Weiße Blüten, Besuch von Insekten aller Art, das Laub wird von zahlreichen Schmetterlingsarten geschätzt. Die roten Früchte sind erst nach dem Frost im überreifen Zustand essbar und zum Schnapsbrennen geeignet, sollten aber hungrigen Vögeln überlassen werden. Sie müssten ohnehin mühsam von Hand geerntet werden, weil sie sich nicht schütteln lassen. Rote Laubfärbung im Herbst.

Der **Speierling** (*Sorbus domestica*) zählt zu den Baumraritäten, licht- und wärmebedürftig, nahrhafter Boden, benötigt nach der Pflanzung Schutz vor Wildverbiss und dominanten Nachbarn. Wächst langsam, kann aber sehr alt werden, bis 10 m.

Essigbaum im Herbst

Geweihbaum

Die – für den Menschen – giftigen Beeren des Gewöhnlichen Faulbaums

Essigbaum (*Rhus typhina*) Attraktives Solitärgehölz, 4–6 m, nur für Ziergarten. Winterhart, stadtklima- und hitzeverträglich. Blüten eher unscheinbar, aber bei vielen Insekten beliebt, was durch die braunen, kolbenartigen Fruchtstände, die über den Winter am Baum bleiben, demonstriert wird. Neutraler, auch kalkhaltiger Boden, empfindlich gegen Staunässe. Prachtvolle Herbstfärbung. Gilt als invasiver Neophyt, keinesfalls im Freiland pflanzen.

Geweihbaum (*Gymnocladus dioica*) Park- und Alleebaum für den Klimawandel, hitze- und trockenheitsverträglicher Tiefwurzler, bis 30 m. Grünlich weiße Blüten V–VI, wertvolles Nektar- und Pollenangebot, goldgelbe Herbstfärbung. Sonniger Standort, nicht zu schwerer Boden.

Gewöhnlicher Faulbaum (*Rhamnus frangula*), robuster, sommergrüner Großstrauch oder mehrstämmig verzweigter Baum bis ca. 4 m Höhe. Feuchtigkeitsliebend, der starken Wurzeln wegen in Kombination mit Weiden günstig zur Befestigung von Uferböschungen, auch als blickdichte Hecke im naturnahen Garten. Toleriert mit Bodenabdeckung aus Rindenmulch auch trockene Standorte in Sonne bis Schatten, normaler, auch leicht saurer Boden. Bei Verletzung entströmt der Rinde Fäulnisgeruch, Schutz gegen Wildverbiss. Alle Teile sind leicht giftig. Eher unscheinbare, grünlich weiße Blüten, Hauptblüte V–VI, Nachblüte bis in den Herbst, aromatischer Honig. Nektarreiche, wichtige Nahrungsquelle für viele Insekten, längste Blütezeit von allen heimischen Gehölzen. Gleichzeitig mit den späten Blüten reifen zuerst rote, dann schwarze, kugelige, bei Vögeln sehr begehrte Früchte. Das glänzende Laub ist Nahrungsquelle einiger Schmetterlingsraupen. Verjüngung durch Rück- oder Auslichtungsschnitt möglich, dabei anfallende Stecklinge wurzeln leicht. Die säulenförmige Züchtung *Frangula alnus* 'Fine Line' wird nur rund 2 m hoch, wächst dicht und straff aufrecht und ist auch für kleinere Gärten geeignet. Gelbe Herbstfärbung.

Götterbaum (*Ailanthus altissima*) Im 18. Jahrhundert aus China zu uns gekommen, gilt ob seines Verbreitungsdrangs als invasiver Neophyt. Wärmeliebend, wächst auf allen Böden, schnellwüchsige Pionierpflanze. Blütezeit VI–VII.

Götterbaum

Lindenblüte

Kastanienblüte

Samt sich aus und treibt Wurzelausläufer, die heimische Pflanzen verdrängen, angesichts trockener, heißer Sommer kann er aber seines geringen Wasserbedarfs wegen womöglich wieder mehr Akzeptanz finden. Gemeinsam mit Akazie, Linde und Rosskastanie ist sein wertvoller Nektar vielfach im Honig von Großstadtimkern vorhanden.

Linde (*Tilia*) Zwei Arten gelten als heimisch, die etwas früher im Juni blühende **Sommerlinde** (*Tilia platiphyllos*), anspruchsvoller in Bezug auf Boden und Klima als die zwei Wochen später blühende, robustere **Winterlinde** (*Tilia cordata*), eine der besten Bienenweiden überhaupt. Baum des Jahres 2016, widerstandsfähig gegen Luftverschmutzung, herrlicher Alleebaum. Beide benötigen tiefgründige, ausreichend feuchte, nährstoffreiche Böden. Höhe bis 40 m, für die meisten Gärten daher zu dominant. Die **Silberlinde** (*Tilia tomentosa*) blüht erst VII–VIII und stellt einen für Bienen extrem wichtigen Nachzügler dar. Die riesige Blütenfülle macht Linden, die uralt werden können, für Bienen zu einem Geschenk der Natur, für das sie sich mit köstlichem Lindenblütenhonig revanchieren. Besonders starke Nektarabsonderung morgens und abends. Bei extremer Trockenheit in den Wochen vor Blühbeginn produzieren die Blüten weniger Nektar. Je nach Standort haben Linden eine starke Honigtauabsonderung, die sich auf darunter parkenden Autos bemerkbar machen kann. Wer im öffentlichen Bereich eine Linde pflanzt, outet sich als Romantiker und wahrer Bienenfreund, sollte aber auf diesen Umstand achten.

Rosskastanie (*Aesculus hippocastanum*) Die wunderbaren, Schatten spendenden Kastanienbäume verschwinden leider zunehmend aus unserem Straßenbild, dabei stellen sie mit ihrer riesigen Blütenfülle wertvolle Bienentankstellen mit sehr zuckerreichem Nektar und großem Pollenreichtum dar. Blütezeit V. Schuld daran trägt zu einem guten Teil die Kastanienminiermotte. Alte Kastanienbäume so zu spritzen, dass man der Motte den Aufenthalt verleidet, ist aufwendig und kostspielig. Es gibt aber ein bienenfreundliches Präparat aus dem Öl des Neembaums, das, rechtzeitig verwendet, helfen soll. Wichtig ist vor allem, das abgefallene Laub im Herbst akribisch zu entfernen. Keinesfalls kompostieren, die Nachkommen

●●● **Ackerhummel (*Bombus pascuorum*) bei *Aesculus* × *carnea* auf Besuch**

●●● **Blütenstände der Edelkastanie**

●●● **Borstenrobinie**

der Motte überwintern im Laub. Aus den mit Harz überzogenen Knospen sammeln Bienen den Rohstoff für Propolis. Die rot blühende Züchtung *Aesculus* × *carnea* „Brioti" soll gegen die Miniermotte Resistenz zeigen. Höhe 10–15 m.

Die **Edelkastanie** (*Castanea sativa*) bietet mit ihrer späten Blütezeit, zumeist erst VI–VII, Bienen ein wahres Eldorado, was sie mit dem herb-würzigen, als sehr gesund geltenden Kastanienhonig honorieren. Nördlich der Alpen kommen Edelkastanien praktisch nur in Einzelstellung auf sehr warmen, geschützten Standorten vor, südlich der Alpen gibt es riesige Kastanienwälder. Die **Strauchkastanie** (*Aesculus parviflora*) wird nur 3–4 m hoch, treibt Ausläufer und eignet sich eher für Parks und sehr große Gärten. Interessante späte Blütezeit VII–VIII, Flachwurzler.

Schein-Akazie (*Robinia pseudoacacia*), auch Robinie, über 20 m, weiße Blütentrauben, zur Blütezeit Ende IV–V zwar ungemein nektarreiche Bienentrachtpflanze, gilt aber in vielen Ländern Europas als invasiver Neophyt und darf vielfach nicht mehr gepflanzt werden. Schnellwüchsiges Pioniergehölz, 20–25 m, verdrängt durch starken Wuchs heimische Pflanzen. Die Schein-Akazie gilt als äußerst widerstandsfähig gegenüber Streusalz und Emissionen, erträgt Stauhitze und Trockenheit, weshalb sie für die bienenfreundliche Verbesserung des Klimas schwieriger Industriestandorte sehr gezielt trotzdem Verwendung finden kann. Dass sie nur flach wurzelt, kann auf diesen Extremstandorten ebenfalls von Vorteil sein. Leuchtend gelbe Herbstfärbung. Die **Borstenrobinie**, *Robinia hispida*, wächst eher strauchartig oder als kleiner Baum, purpurrosa Blütentrauben. Allergiker sollten die Robinie meiden.

Japanischer Schnurbaum (*Sophora japonica*) auch Perlschnur- oder Honigbaum, extreme Toleranz gegen Hitze und Trockenheit, wertvolle Spättracht mit höchstem Nektarwert VII–VIII. Volle Sonne, Boden leicht sauer. Salzverträglich, daher guter Stadtbaum, Herzwurzler, 15–20 m. Pflanzstelle in den ersten Jahren als Winterschutz mit Mulchdecke versehen, später frosthart.

Japanischer Schnurbaum

Blüten der Stechpalme

Blüte des Trompetenbaums

Blüte der Vogelkirsche

Stechpalme (*Ilex*) Wertvolles Sichtschutz- und Heckengehölz oder kleiner Baum. Anspruchslos und schnittverträglich, auch für kleinere Gärten geeignet. Halbschattiger Standort in leicht saurem Boden, ledrige, glänzend grüne, aber auch panaschierte Blätter. *Ilex aquifolium* ist bei uns heimisch, in der Natur aber äußerst selten. Besonders attraktiv, aber nur für geschützte Standorte ohne Wintersonne geeignet, sind buntlaubige Sorten wie *Ilex aquifolium* 'Silver Queen', die zweihäusig sind. Männliche und weibliche Blüten sitzen also nicht auf einer Pflanze, rote Beeren nur mit einem Pollenspender. Die Züchtung 'J. C. van Tol' hat eher weiches Laub und schmückt sich auch ohne Partner mit knallroten Früchten. Stark gezacktes Laub mit grün-rotem Rand hat *Ilex aquifolium* 'Handworth New Silver'. Duftende weiße Blüten, aufgereiht wie auf einer Perlenkette, V, starker Bienenbesuch, blüht am besten am zweijährigen Holz.

Trompetenbaum (*Catalpa bignonioides*) Hitzeverträglicher, prachtvoller Großbaum bis 15 m, Herzwurzler, tiefgründiger, nährstoffarmer Boden empfohlen. Große weiße Blüten VI–VII, gelbe Herbstfärbung der großen Blätter. Nur an windgeschützter Stelle pflanzen, windbruchgefährdet. Starker Rückschnitt möglich, treibt immer wieder aus. Höchste Nektarwerte weisen die Blüten des Prächtigen Trompetenbaums, *Catalpa speciosa*, auf. Dekorativ ist auch der Kugeltrompetenbaum, *Catalpa speciosa* 'Nana', der vor dem Laubaustrieb jedes Jahr kugelförmig beschnitten werden kann und nur 3 m Höhe erreicht, er trägt dann aber keine Blüten.

Vogelkirsche (*Prunus avium*) Einer der besten Nektar- und Pollenspender im zeitigen Frühjahr, weiße Blüten IV–V, extrem zuckerhaltiger Nektar, blüht im zeitigen Frühjahr an sonnigen Waldrändern, aber erst ab einem gewissen Alter. Sonniger, windgeschützter Standort, flaches Wurzelsystem, Boden neutral bis kalkhaltig, winterhart. Die kleinen Kirschen sind für Wildtiere eine begehrte Nahrung. Das schnell verrottende Laub verbessert den Waldboden.

●●● Zürgelbaum

●●● Rosa Zierkirsche

Zürgelbaum (*Celtis australis*) Wird aufgrund seiner Hitze- und Trockenheitsverträglichkeit zunehmend als städtischer Alleebaum gepflanzt. Gilt als Bienen- und Vogelnährpflanze, Blüten aber unscheinbar, effizienter Luftreiniger und Staubfänger, nach der Pflanzung leichter Frostschutz empfohlen. Bis 25 m.

●●● Zierpfirsich

Zierobstbäume

können für Biene & Co. durchaus interessant sein, so sie nicht, wie z. B. einige japanische Zierkirschen, gefüllte Blüten aufweisen. Einfach blühende Züchtungen gelten, auch aufgrund ihrer riesigen Blütenfülle, sogar als besonders bienen- und hummelfreundlich:

Die **Blutpflaume** (*Prunus cerasifera*) hat rotes Laub, baumartiger Großstrauch bis 4 m Höhe, frühe Blütezeit, III–IV, rosarote oder weiße Blüten. Die rosa blühende Züchtung hat essbare Früchte, die der weiß blühenden Art sind sehr sauer. Verträgt jeden Gartenboden.

Die **Schneekirsche** (*Prunus subhirtella*) blüht noch früher mit leicht gefüllten, zartrosa Blüten, bis 5 m, kalkliebend.

Die **Zierbirne** (*Pyrus nivalis*) trägt überreichen weißen Blütenschmuck IV–V, 6–8 m, tiefgründiger, durchlässiger Gartenboden, kleiner Straßenbaum oder Großstrauch. *Pyrus salicifolia* 'Pendula' wächst malerisch überhängend, graufilziges Laub, Herbstfärbung.

Gut zu wissen:

Der Zierapfel (*Malus*) zählt mit seiner überreichen Blütenfülle zu den insektenfreundlichsten aller bei uns angepflanzten Bäume, aber leider auch zu den Feuerbrand-Wirtspflanzen. Je nach Züchtung Blüten weiß oder rosa, IV–V, extrem nektar- und pollenreich, locken Bienen wie ein Magnet in Apfelplantagen. Herzwurzler, liebt tiefgründige, kalkhaltige und nahrhafte Böden, verträgt keine Staunässe. 4–6 m Höhe, auch für kleinere Gärten geeignet. Die Sorte 'Evereste' gilt als idealer Befruchter für selbstunfruchtbare Apfelsorten, alle tragen im Herbst bei Vögeln begehrte, leuchtend orange oder rote kleine Äpfelchen.

Zierapfelbaum im Herbst

Die bienenfreundlichsten Obstbäume

Obstbäume tragen wesentlich zur Pollenversorgung und damit zur Frühjahrsentwicklung der Bienenvölker bei. Ihrer frühen Blütezeit wegen ist die **Aprikose** (*Prunus armeniaca*) speziell für Hummeln wichtig. Als besonders wertvolle Spender von Nektar und Pollen unter den Obstbäumen gelten **Süßkirsche** (*Prunus avium*), **Sauerkirsche** (*Prunus cerasus*), **Pflaume** (*Prunus domestica*), **Pfirsich** (*Prunus persica*) und **Apfel** (*Malus domestica*). Apfel und Sauerkirsche sind besonders ertragreiche Nektarlieferanten, der Nektar der Zwetschkenblüte hat hohe Zuckerwerte.

Aprikosenblüte mit Biene

Pfirsichblüte

DIE RENAISSANCE DER HEIMISCHEN WILDGEHÖLZE

Nach Jahren der totalen Missachtung ist es jetzt plötzlich wieder „in“, heimische Wildgehölze zu pflanzen. Viele davon sind sowohl für Insekten der unterschiedlichsten Art als auch für Vögel ausgesprochen wertvolle Nahrungsquellen, Raupenfutterpflanzen oder Nistplätze. Biologen bezeichnen sie als unverzichtbare „Inseln“, aber ihr oft ziemlich ausladender und ungebärdiger Wuchs macht sie nicht überall einsetzbar. Bei der bienenfreundlichen Renaturierung oder der Gestaltung von Naturgärten sind sie allerdings unverzichtbar und man sollte fraglos wieder so viele von ihnen wie nur möglich zum Einsatz bringen. In kleinen Gärten mit wenig Platzangebot ist der Konkurrenzdruck durch eingewanderte Pflanzen auch wegen des oft nur für Bienen und andere Bestäuber interessanten Blütenangebots allerdings groß.

Als wahre Kosmopoliten dieser Erde, deren Instinkt nur darauf ausgerichtet ist, ihrem Volk zu dienen, macht es für Bienen keinen Unterschied, woher die Trachtpflanzen stammen, Hauptsache der Tisch ist gedeckt. Aber es gibt auch andere Wildtierarten, für die heimische Wildsträucher in vielfacher Hinsicht unersetzbar sind. Es liegt auf der Hand, dass die ökologischen Wechselbeziehungen zwischen unserer heimischen Tier- und Pflanzenwelt aufgrund der gemeinsamen Evolution vielfältiger und enger Natur sind.

Wir sind nicht nur verantwortlich für das, was wir tun, sondern auch für das, was wir nicht tun.

Voltaire

Wichtig zu beachten:

Hecken aus als heimisch geltenden Sträuchern bieten extrem wichtige Nistmöglichkeiten und sollten daher zum Schutz brütender Vögel möglichst wenig, keinesfalls aber zwischen Anfang März bis Ende September beschnitten werden. Dies gilt generell für alle von Vögeln bewohnten Sträucher und Bäume.

Gut versteckt: Das Nest eines Rotkehlchens

© MMCez/Shutterstock.com

●●● **Berberitzenblüten sind bei Bienen äußerst beliebt**

© Alex Würtenberger

●●● **Die Blüten der Kornelkirsche gehören im Frühjahr zu den ersten Nahrungsquellen**

Berberitze (*Berberis vulgaris*),
auch Gemeine oder Echte Berberitze, der sauren Früchte wegen auch als Sauerdorn bezeichnet. Genügsame, mit schlechten Böden zurechtkommende, immergrüne Heckenpflanze, kalkliebendes Pioniergehölz, gedeiht gut in Höhenlagen, auch für Einzelstellung mit intensiver Sonnenbestrahlung geeignet. Gelbe Blütentrauben IV–V, im Herbst längliche rote Früchte. Gutes Nistgehölz für Vögel aller Art, wegen der vielen Stacheln ist der Heckenschnitt etwas mühsam. Als stadtklimafest gilt auch die Ursprungsform *Berberis julianae*, die Großblättrige Berberitze, 2–3 m. Es gibt zahlreiche interessante Züchtungen, darunter auch rot-, gelb-, sogar rosalaubige, wie *Berberis thunbergii* 'Bonanza Gold' oder 'Rose Glow', mit denen man auf einfache Art und Weise im Garten tolle Farbeffekte erzielen kann, die allerdings nicht als heimisch gelten.

Holunder siehe Bauerngarten

Kornelkirsche (*Cornus mas*),
auch Dirndlstrauch. Zumeist mehrstämmiges Zier-, Frucht- und Bienennährgehölz mit ausgebreitetem, lockerem Wuchs für sonnige Waldränder, auch als Hecke geeignet. Bevorzugt lehm- und humushaltige, kalkreiche Böden. Schnittverträglich, 3–6 m, robust und winterhart. Herzwurzler, daher nur als Jungpflanze versetzbar. Empfindlich gegen Bodenverdichtung und Streusalz, aber gut geeignet zur Befestigung erosionsgefährdeter Hänge. Widerstandsfähig gegen Luftverschmutzung, immun gegen Feuerbrand. Extrem frühe Blütezeit Ende II–III. Noch vor dem Laub erscheinen gelbe, schwach duftende, nektar- und pollenreiche Blüten, für Hummeln und Wildbienen interessant, für Bienen bei warmer Witterung. Die Wildform trägt nur kleine Früchte, für den Garten gibt es viele Zuchtformen, z. B. 'Jolico', mit besonders großen, essbaren Früchten, genannt Kornellen, mit hohem Vitamin-C-Gehalt. Die kirschenähnlichen Früchte fallen im überreifen schwarzroten Zustand VIII– IX vom Baum, durch vorzeitige Ernte kann der sich bereits um diese Zeit entwickelnde Blütenansatz für das nächste Jahr beschädigt werden. Früchte begehrtes Futter für zahlreiche Vogelarten und Wildtiere. Bei schwachem Fruchtertrag männliche Befruchtersorte, *Cornus mas* 'Mascula' dazupflanzen. *Cornus mas* 'Variegata', der Buntblättrige Dirndlstrauch, hat weiß gerandetes Laub.

Beeren des Echten Kreuzdorns

Blühende Felsenbirne

Die männlichen Blütenstände der Hasel

Die Gemeine Heckenkirsche blüht ab Mai

Echter Kreuzdorn (*Rhamnus cathartica*)
Ökologisch besonders wichtiger, aber eher unscheinbarer Großstrauch bis 5 m, Pfahlwurzler, liebt magere, kalkreiche, trockene Böden, treibt Ausläufer, gut zur Handbefestigung. Unauffällige, nektarreiche Blüten V–VI, Blätter wichtiges Futter für einige Schmetterlingsarten, Früchte Vogelfutter.

Felsenbirne (*Amelanchier ovalis*)
Die Gewöhnliche Felsenbirne wäre ein wunderschön blühendes Wildgehölz, darf aber als Wirtspflanze des gefürchteten Feuerbrands nicht allerorts verkauft werden. Wo das kein Problem darstellt, blüht der 4–5 m hoch werdende Großstrauch oder Kleinbaum IV–V mit einer Überfülle weißer, leicht duftender Blüten; hoher Nektar- und Pollenwert. *Amelanchier laevis* hat essbare, auch bei Vögeln äußerst beliebte Früchte. Schöne Herbstfärbung, schnittverträglich. *Amelanchier canadensis* stammt aus Nordamerika.

Gemeine Hasel (*Corylus avellana*)
Völlig anspruchsloses, mehrstämmiges Pioniergehölz für nicht zu trockene Böden, männliche Blüten in Form von länglichen „Kätzchen" oft schon ab II–III, Windbestäuber. Hummeln ernten die nahrhaften, üppig produzierten Pollen gern für ihre Brut. Erste Heuschnupfenerreger des Jahres. Die weiblichen Blüten sind unscheinbar und in den Knospen verborgen. Für Naturgärten attraktiv ist die Purpurhasel, schwarzrotes Laub, bis 3 m Höhe, gute Insektenweide, ebenso die dekorative Korkenzieherhasel, *Corylus contorta*. Die Scheinhasel, *Corylus spicata* oder *Corylus sinensis*, ist zwar nicht heimisch, blüht aber ebenfalls bereits ab März mit hellgelben hängenden Blüten, mit einer Höhe von rund 2 m besser gartengeeignet als die Gemeine Hasel. Sie bevorzugt kalkarme Böden; kein Windbestäuber, also auf Insektenbestäubung angewiesen.

Gemeine Heckenkirsche (*Lonicera xylosteum*),
extrem winterhartes, salzverträgliches, anspruchsloses Heckengehölz bis 3 m, kein Wildverbiss, auch für eher trockene, kalkhaltige Böden geeigneter Flachwurzler. Gelblich weiße, mit V–VI relativ spät erscheinende Blüten, die vor allem Hummeln anziehen. Dunkelroter, bei Vögeln sehr beliebter Fruchtschmuck. Bei uns zwar nicht heimisch, aufgrund der extremen Frosthärte aber für Gärten in Höhenlage interessant, ist *Lonicera kamtschatica*, die **Honigbeere**.

Blütenstände der Traubenkirsche

Blütenstand des Roten Hartriegels

Früchte des Pfaffenhütchens

Rotkehlchen lieben die Früchte des Pfaffenhütchens

Sie blüht extrem früh, II–IV, und trägt bereits VI heidelbeerartige, essbare Früchte, verliert allerdings bereits im August das Laub. Höhe ca. 150 cm, Flachwurzler, auch für Kübel geeignet. Die Wohlriechende Heckenkirsche, *Lonicera fragantissima*, stammt aus China. Es gibt noch verschiedene andere *Lonicera*-Arten (siehe Ziersträucher).

Gewöhnliche Traubenkirsche (*Prunus padus*), raschwüchsiger, sommergrüner Baum oder großer Strauch mit mehrstämmigem, überhängendem Wuchs. Höhe bis 10 m, durch Schnitt formbar, gelbrote Herbstfärbung. Bevorzugt kalkarme, nährstoffreiche und eher feuchte Böden in Sonne bis Halbschatten. Nur für größere Gärten geeignet, ideal für Grünanlagen oder zur Pflanzung am Waldrand. Blütezeit IV–V, intensiv duftende, weiße Blütentrauben, sehr gute Trachtpflanze mit hohem Nektarwert. Ab August zuerst rote, dann glänzend schwarze, bei Vögeln sehr beliebte Früchte. Das Laub dient verschiedenen Schmetterlingsarten als Raupenfutter. Die Pflanze kann von Gespinstmottenlarven kahl gefressen und mit einem silbrigen Netz überzogen werden, erholt sich aber nach dem Verpuppen der Raupen wieder. Die aus Nordamerika stammende Spätblühende Traubenkirsche, *Prunus serotina*, zählt in Europa mancherorts zu den problematischen Neophyten.

Roter Hartriegel (*Cornus sanguinea*)
Im Sommer optisch eher nur Lückenfüller, im Winter durch seine rote Rinde ein Blickfang im Garten, weiße Blüten V–VI, manchmal Nachblüte VIII. Ausgesprochen bienenfreundlich und winterhart ist auch der dichtbuschig wachsende Gelbholz-Hartriegel, *Cornus stolonifera*, mit auffallender gelber Rinde. Blütezeit V–VI, weiße Schirmblüten, Höhe bis ca. 3 m, schnittverträglich, leuchtend rote Herbstfärbung, weiße Beeren. Es gibt auch zahlreiche nicht heimische Hartriegelarten, z. B. Cornus controversa, der wunderschöne Etagen-Hartriegel.

Pfaffenhütchen (*Euonymus europaeus*)
Wächst auf nährstoffhaltigen, eher feuchten und kalkhaltigen Böden. Unauffällige weiße Blüten V–VI, Bienenweide. Im Herbst zierende rosa-orange, für Menschen giftige Früchte, die als Leibspeise vieler Vögel gelten, z. B. des Rotkehlchens. Höhe 2–3 m, für Hecken in Naturgärten, Wuchsform eher sperrig. Verjüngung durch bodennahe Entfernung überalterter Hauptäste.

●●● **Blüte der Pimpernuss**

●●● ***Salix gracilistyla***

Pimpernuss (*Staphylea pinnata*)
eine Rarität, die als Wildgehölz auf der roten Liste der gefährdeten Arten steht! Wärmeliebender, sonnen- und schattenverträglicher, sommergrüner Strauch, bis 2 m, langsamer Wuchs, auch als Kübelpflanze geeignet. IV–V duftende, hängende weiße Blütenrispen, wertvolle Nektarpflanze, interessante verwendbare Früchte. Kalkliebend, eher feuchter Boden, zur Bepflanzung von Bachrändern oder Auen geeignet. Als Jungpflanze etwas frostempfindlich, später winterhart.

Weide (*Salix*)
Die Salweide (*Salix caprea*) gedeiht im Gegensatz zu vielen anderen Weidenarten außerhalb von Feuchtgebieten. Pionierpflanze, bevorzugt lehmige und steinige Böden, gut geeignet zur Hangbefestigung. Extrem frühe Blütezeit, wichtige erste Futterpflanze für Honigbienen, Hummeln und Schmetterlinge. Wuchshöhe standortabhängig, 2–10 m. Die als österliche Dekoration zwar beliebten Palmkätzchen entwickeln sich vor dem Laubaustrieb, oft bereits Ende II, keinesfalls schneiden! Die Salweide ist zweihäusig, an einem Baum bilden sich entweder nur weibliche Blüten, die Nektar anbieten, oder ausschließlich männliche Blüten mit hohem Pollen- und Nektarwert, die aber bald abfallen. Aus weiblichen Blüten entwickeln sich im Mai–Juni grüne Kapselfrüchte. *Salix daphnoides*, die **Reif-Weide**, für kalkhaltige Böden bis in subalpine Höhenstufen, bevorzugt nasse, nährstoffreiche und sonnige bis halbschattige Standorte wie z. B. Flussauen. *Salix purpurea*, die **Purpurweide**, wächst als buschiger Strauch auf nassen, kalkhaltigen Schotterböden. Rinde braun bis purpurrot, enthält früher in der Volksmedizin viel verwendete, schmerz- und entzündungshemmende Salicylate. Die zähen, biegsamen Langtriebe sind ein beliebtes Flechtmaterial. Blüte erst IV, hervorragende Bienenweide! Nicht heimisch, als Zierpflanze aber sehr beeindruckend und interessant für Bienen ist auch die neu auf den Markt gekommene **Schwarze Weide**, *Salix gracilistyla* 'Melanostachys', mit im Winter auffälligen, rotrindigen Trieben und schwärzlichen Kätzchen II–II, Höhe bis 2 m. Alle Weidenarten können nach der Blüte kräftig zurückgeschnitten werden und lassen sich durch Steckhölzer ganz einfach vermehren.

Schneeball-Früchte

Sanddorn

Seidelbast

Wolliger Schneeball (*Viburnum lantana*),
anspruchsloser Strauch mit charakteristischem runzligem Laub, Flachwurzler für nicht zu trockene, kalkreiche Böden, im Sommer blickdicht, schöne Herbstverfärbung. Einfache, cremeweiße Blüten mit strengem Duft, V–VI, gute Nektarlieferanten. Die sich in einem interessanten Farbspiel von Rot auf Schwarz verändernden Früchte sind ein begehrtes Wintervogelfutter. Der Wilde Schneeball, *Viburnum opulus*, wird bis ca. 4 m hoch, ist winterhart und industriefest und gilt als guter Nektarlieferant. Viele andere Schneeballarten sind insektenfreundlich, gelten aber nicht als heimisch. (s. „Ziersträucher").

Sanddorn (*Hippophae rhamnoides*)
Der Gewöhnliche Sanddorn ist ideal für steinige bis sandige, der Sonne ausgesetzte Hänge. Verträgt Trockenheit, toleriert aber auch kurze Überflutungen. Wegen der zahlreichen Wurzelausläufer im Garten nur mit Wurzelsperre pflanzen, auf Naturstandorten ideal zur Bodenbefestigung. Kalkliebend, winterhart, bis in größere Höhen einsetzbare Pionierpflanze, wertvolles Vogelschutzgehölz, aber keine Bienenweide. Auf zwei weibliche Pflanzen eine männliche Pflanze setzen, sonst kein Fruchtansatz. Dabei auf die häufigste Windrichtung achten, damit der Pollen der männlichen Pflanze auf die weiblichen geweht wird, da die Windbestäubung sonst ausbleibt. Früchte sind essbar und extrem vitaminreich, wertvolles Futter für Wildtiere.

Seidelbast (*Daphne mezereum*)
In der Natur recht selten geworden, steht unter Naturschutz. Bis zur Waldgrenze in lichten Wäldern auf kalkreichem Boden, gern in Kombination mit Schneerosen. Wegen der extrem frühen Blütezeit bei Bienen, Hummeln und Schmetterlingen, wie Zitronenfalter oder Kleiner Fuchs, begehrte Nektarquelle, stark duftende, tiefrosa Blüten, bei Vögeln begehrte rote Beeren. Pflanze in allen Teilen sehr giftig, nicht in Gärten verwenden, die von Kindern genützt werden. Für den Garten gibt es schöne Züchtungen, wie 'Rubra select'. *Daphne tangutica* blüht ebenfalls bereits im März mit hellrosa Blüten, bevorzugt aber einen kalkfreien Gartenboden.

Schlehdorn (*Prunus spinosa*),
auch nur Schlehe. Eine einst zur Begrenzung landwirtschaftlich genutzter Flächen, aber auch als Pioniergehölz weit verbreitete, heute viel zu selten gewordene Wildpflaumenart, die unbedingt wieder mehr angepflanzt wer-

Bienenbesuch auf Schlehenblüten

Weißdorn

den sollte. Sonnige, warme Standorte, 3–5 m, anpassungsfähig, kommen auch mit schlechten Standplätzen und steinigen Böden zurecht. Nährstoffreiche, kalkhaltige Lehmböden wären ihnen aber lieber. Pflanzt man sie ohne Wurzelsperre, breiten sie sich durch Ausläufer seitlich aus, was auf Naturstandorten durchaus erwünscht sein kann. Als Heckenpflanzen nur für große, naturnahe Gärten zu empfehlen. Ausgesprochen robust, vertragen gut eingewurzelt Trockenheit; keine Pflegemaßnahmen. Zur frühen Blütezeit, III–IV, sind die wunderschönen weißen Blüten, die den Strauch wie eine weiße Wolke einhüllen, eine begehrte Nektarquelle für Bienen aller Art, Hummeln und Schmetterlinge, das Laub stellt ein gutes Raupenfutter dar. Die Wehrhaftigkeit der Schlehe, deren Rinde mit langen Dornen versehen ist, machen sich zahlreiche Tiere zunutze, in jedem Strauch findet man garantiert ein Vogelnest. Nach dem ersten Frost wären die dunkelblauen Früchte zwar für den Menschen genießbar, sie stellen aber für zahlreiche Vogelarten eine wichtige Futterquelle dar. Schlehen sollten als wertvolle Wirtspflanzen vermehrt Aufnahme bei Aufforstungsprojekten bis in Höhenlagen von 1500 m finden. Sie lassen sich ganz einfach durch Wurzelausläufer, die man von der Mutterpflanze absticht, vermehren.

Vogelkirsche (*Prunus avium*), s. Kapitel Baum und Biene

Weißdorn, Rotdorn und Feuerdorn (*Crataegus* sp.)
Alle wären wegen ihrer riesigen Blütenfülle zwar wahre Bienenmagneten, dürfen aber vielerorts als Wirtspflanzen des gefürchteten Feuerbrands von Gärtnern weder angeboten noch gepflanzt werden. In England zieht sich der Eingriffelige Weißdorn, *Crataetus monogyna*, als eine der beliebtesten Heckenpflanzen über Tausende Kilometer quer durch das Land und bietet durch seine Dornen zahlreichen Vogelarten sichere Nistplätze. Rotdorn wird eher in Baumform angeboten, Feuerdorn vorwiegend an sonnigen Hauswänden hochgezogen. Der Apfeldorn (*Crataegus lavallei* 'Carrierei'), auch Lederblättriger Weißdorn, trägt im April ein Blütenmeer von weißen Blüten mit rosa Staubgefäßen und gilt als hitzebeständiges und trockenheitsverträgliches Wildgehölz für tiefgründige, kalkhaltige Böden. Alle Arten sind wichtige Vogelschutzgehölze und liefern im Herbst wertvolles Futter für verschiedene Arten.

Wilde Mirabelle

Wilde Mirabelle (*Prunus cerasifera*),
auch Kirschpflaume, aufgrund der frühen Blüte III–IV für Bienen aller Art besonders wertvolle, seit Jahrtausenden in Mitteleuropa heimische Baumart mit schmackhaften Früchten, die mancherorts als „Kriecherl" bezeichnet werden. Kleinbaum, oft auch strauchartiger Wuchs, 4–8 m Höhe. Anspruchslos und winterhart. Hübsch auch für Naturgärten.

Frühblühende Schneeballarten wie dieser Duftschneeball sind wichtige Nahrungsquellen

Wildrosen

Es gibt viele den heimischen Sträuchern zugezählte Rosenarten. Bei Rosen verhält es sich aber so, dass in den letzten Jahren eine Fülle bewusst bienenfreundlicher Züchtungen mit besonders üppiger Blütenfülle und auffälligen Staubgefäßen auf den Markt gekommen ist, die heimische Rosen in Bezug auf Bienenfreundlichkeit Konkurrenz bieten können. Wir haben der Königin der Blumen aus diesem Grund ein eigenes ausführliches Kapitel gewidmet.

Wer die Biene nicht ehrt, ist des Honigs nicht wert.

(Deutsches Sprichwort)

Die Sache mit der Buddleja – heimisch oder nicht heimisch pflanzen?

Als Beispiel, um wie viel besser das Nahrungsangebot heimischer Gehölze doch sei, wird meistens der bekannte Schmetterlingsstrauch, *Buddleja davidii*, bemüht, der seinem Namen entsprechend zwar für Schmetterlinge von großer Anziehungskraft, für deren Raupen dagegen völlig wertlos sei. Forscht man aber ein bisschen nach, so verhalten sich Raupen in Bezug auf ihre Nahrungsquellen generell sehr eigenartig und leben nicht selten nur auf einer einzigen, manchmal recht ausgefallenen und mit der bevorzugten Trachtpflanze keineswegs identen Wirtspflanze. Welche altbewährten oder angesichts der prognostizierten Klimaerwärmung neu hinzukommenden Gehölze künftig als Futterpflanzen von Insekten in ihren verschiedenen Entwicklungsstadien von Nutzen sein werden, das steht gewissermaßen noch in den Sternen. Vor der Anpflanzung des Schmetterlingsstrauchs wird viel gewarnt, da er mittlerweile zu den invasiven Neophyten gezählt wird. Er stellt aber nicht nur für Schmetterlinge, sondern für viele Insektenarten in einer eher blüharmen Zeit eine überaus wertvolle Nektarquelle dar, und durch die einfache Entfernung seiner großen Blütenrispen bald nach dem Verblühen ist jede Gefahr einer unerwünschten Auswanderung aus dem Garten leicht in den Griff zu bekommen. Eine andere *Buddleja*-Art, nämlich *Buddleja alternifolia*, bietet als ausgewachsener Strauch mit einer Riesenfülle von lilarosa Blüten an bogig überhängenden Zweigen zusätzlich zur tollen Optik Nahrung für unzählige Insekten aller Art und hat noch dazu den Vorteil, nicht auf der Liste der invasiven Arten zu stehen. Sie möchte aber, im Gegensatz zu *Buddleja davidii*, im Frühjahr nicht zurückgeschnitten werden. In der Natur ist eben selten etwas nur schwarz oder nur weiß.

Buddleja davidii

Buddleja alternifolia

Garten Brentel in Hall in Tirol
© Gerda Walton

BIENENFREUNDLICHE ZIER-STRÄUCHER UND KLEINBÄUME FÜR JEDE GARTENGRÖSSE

Es genügt nicht, mit den Pflanzen nur zu reden, man muss ihnen auch zuhören können.

Autor unbekannt

Ganz gleich, ob einem das Schicksal einen „Big-Size"-Garten oder nur ein räumlich begrenztes, dafür pflegeleicht zu gestaltendes Reihenhausgärtchen zugedacht hat: ohne Sträucher, ist ein Garten kein Garten. Wenn möglich, sollte auch ein Baum oder zumindest ein kleines Bäumchen dabei sein. Mit ihrer Hilfe schafft man Gartenarchitektur, Begrenzung, Sichtschutz und Schatten und bringt ökologisch wertvolle Blütenfülle in seinen grünen Bereich. Viele davon sind wegen der einzigartigen Pracht ihrer bienenfreundlichen Blüten alljährlich wiederkehrende Gartenhighlights, die ihren jahreszeitlichen Abschluss in einer zumeist prachtvollen Herbstfärbung finden. Gut ausgewählt erweisen sich einige davon als wahre Bienen-Hotspots und bieten wertvollen Nist- und Schutzraum für Wildtiere, vom Igel bis zum Rotkehlchen. Zur Dauerbepflanzung von Terrassen sind sie ebenfalls unverzichtbar und sogar für größere Balkone bieten sich Möglichkeiten, mithilfe kleinwüchsiger Ziersträucher Abwechslung und Bienenfreude in das Balkonallerlei zu bringen. Aber wenn es einem auch schwerfällt, auf diesen oder jenen Gartenstrauch, den man irgendwo in begeisternd schöner Blüte erlebt hat, zu verzichten, es lohnt sich, einen kühlen Kopf zu bewahren und mit Vernunft jene Sträucher auszuwählen, deren Größe und Wuchsform sich harmonisch in das Gartenbild einfügen. Wenn Bienen auch so manchen blütenübersäten Strauch mit Begeisterung besuchen würden, es ist ihnen nicht geholfen, wenn er die Dimension des Gartens nach einigen Jahren sprengt und alljährlich stark beschnitten werden muss, was seinen Wuchs nur zusätzlich anregt, die Blütenbildung aber verzögert oder ganz verhindert. Fast alle Sträucher blühen am vorjährigen Holz, einige davon für Bienen erst erfreulich spät. Aber nur mit genügend Freiraum und ohne drohende Schere können sie sich so entwickeln, wie es sich die Natur zur Freude von Biene & Co ausgedacht hat.

●●● *Azalea mollis* blüht alljährlich überreich

Blasenspiere

Deutzia gracilis

Pfeifenstrauch

Große Sträucher für große Gärten

Blasenspiere (*Physocarpus opulifolius*),
auch Fasanenspiere. Wenn viele frühlingsblühende Sträucher ihren Höhepunkt bereits überschritten haben, dann punktet die anspruchslose Blasenspiere mit ihrer duftenden Blütenfülle. Noch relativ neu bei uns, wird sie an Beliebtheit rasch dazugewinnen. Je nach Züchtung zeigt ihr Laub ein tolles Farbenspiel von Goldgelb bis Schwarzrot. 'Diabolo' wird bis 2–3 m hoch, ist schnittfest und industriefest, Blüte V–VI. Nur rund 1 m hoch wird 'Little Devil', für Kübelkultur gut geeignet. Gelegentliches Auslichten fördert einen buschigen Wuchs.

Deutzie (*Deutzia* sp.),
auch Maiblumenstrauch. Beliebt und winterhart, ungeeignet für prallsonnige, stark austrocknende Standorte oder sehr kalkhaltige Böden. Bezaubernde weiße oder rosa Sternchenblüten, Blütezeit V–VI, Bienen- und Hummelmagneten. Gefüllt blühende Sorten sind für Bienen uninteressant. Ab und zu Verjüngungsschnitt, um kräftigen Neutrieb anzuregen. Am bekanntesten *Deutzia hybrida* 'Mont Rose', 2 m, rosa Blüten. *Deutzia gracilis* wird nur 80 × 80 cm groß, blüht üppig weiß, für kleine Gärten oder Kübelkultur. 'Strawberry Fields' zeigt dunkelrote, duftende Blüten bereits IV–V. Nur für relativ warme Gegenden geeignet ist *Deutzia elegantissima* 'Rosealind', gut 1,5 m, leicht überhängend, zur Blütezeit V–VI begeisternd schön mit rosaweißen Blüten übersät, kalkhaltiger Standort bevorzugt. Nach der Blüte leichter Rückschnitt, um Wachstum anzuregen. Hübsch für kleine Gärten, als Flachwurzler auch für Kübelpflanzung geeignet, ist *Deutzia rosea*, der Niedrige Maiblumenstrauch, nur 1,3 m, VI–VII, unzählige rosaweißen Blüten.

Europäischer Pfeifenstrauch
(*Philadelphus coronarius*),
auch Bauernjasmin. Herzwurzler für tiefgründige, nährstoffreiche und nicht zu trockene Gartenböden. Winterhart, bis 3 m, im Alter ausladend, sehr schnittverträglich. Rahmweiße Blüten V–VI, nur die ungefüllt blühenden Sorten sind bienenfreundlich, aber alle sind gute Futterspender für Vögel. Für kleine Gärten empfehlenswert ist 'Erectus' mit 1,5 m, bildet schlanke Säule. Die Blüten erscheinen erst VI–VII, duften stark und gelten als Bienenmagneten.

●●● *Syringa* **'Red Pixie'**

●●● **Frühlingstamariske**

●●● **Goldregen**

●●● ***Kolkwitzia amabilis***

Tipp

Der Pfeifenstrauch ist dafür bekannt, dass er urplötzlich von Unmengen schwarzer Läuse besiedelt wird. In einem Biogarten gibt es normalerweise viele Nützlinge, die von diesen Läusen leben und mit ihnen rasch fertig werden. Hat man den Eindruck, dass der Strauch darunter leidet, kann man sie mit einem scharfen Strahl aus dem Gartenschlauch ganz einfach abwaschen.

Flieder (*Syringa vulgaris*)
Der im Frühling blühende, beliebte Flieder duftet herrlich, wird aber fast nur von Schmetterlingen wie dem Admiral oder von Schwebfliegen angeflogen, für Bienen ist die Blütenkonstruktion uninteressant. Dies gilt nicht für alle Fliedersorten. Der V–VI blühende Chinesische Flieder, *Syringa chinensis*, gilt, so wie die ausgesprochen hübsche und zierliche Züchtung *Syringa pubescens* ssp. *microphylla* 'Superba', mit lilarosa Blüten und langer Blütezeit, als insektenfreundlich, auch für Kübelkultur geeignet. Alle Fliederarten vertragen das Stadtklima und bevorzugen einen schwach sauren Boden.

Frühlingstamariske (*Tamarix parviflora*)
Wunderschöner, insektenfreundlicher Großstrauch mit einer Fülle lilarosa Blüten V–VI, bevorzugt trockene Böden in warmer Lage, salzverträglicher Tiefwurzler, frosthart, Höhe bis 3 m, überhängender, malerischer Wuchs.

Goldregen (*Laburnum waterer*i)
Großstrauch, bis 5 m, oder kleiner Baum. Empfehlenswert 'Vossii' mit besonders langen, hängenden Trauben voller goldgelber, duftender Blüten, V–VI. Sonne bis Halbschatten, normaler Gartenboden, im Herbst lange braune Früchte, in allen Teilen giftig!

Kolkwitzie (*Kolkwitzia amabilis*),
auch Perlmutterstrauch. Ein „liebenswerter", nahezu unverzichtbarer Blütenstrauch, bis 4 m, ausladender, überhängender Wuchs, nur für größere Gärten geeignet. Die üppig erscheinenden Blüten liefern Pollen, Nektar, Honigtau und Honigduft. Bei genügend Freiraum steht der Strauch wochenlang wie ein rosa Wasserfall im Garten,

Liguster-Blütenstände

Spiraea bumalda **'Anthony Waterer'**

Prunkspiere

Rhododendron

sehr zur Begeisterung unzähliger Insekten. Das dichte Geäst bietet zudem Vögeln wertvolle und regengeschützte Nistplätze. Gesund, frosthart, schnittverträglich, die Blüten erscheinen an den Vorjahrestrieben.

Liguster (*Ligustrum vulgare*)
Meistens als Heckenpflanze verwendet. 'Atrovirens' gilt als wintergrün, im Frühling Laubwechsel, bis 4 m. Rahmweiße, duftende Blüten, Schnitt erst nach der Blüte, vorher Nachschau halten, ob Vögel brüten, da beliebtes Refugium vieler Vogelarten. Die schwarzen Beeren werden nach dem Frost von Vögeln geerntet. In Bienenhausnähe trotz Bienenfreundlichkeit keinen Liguster pflanzen, da der Nektar den Honig bitter macht.

Prachtspiere (*Spiraea × vanhouttei*)
Zur Blütezeit V-VI überhängend wachsende, weiße Blütenkaskade, Höhe 2-3 m, schnittverträglich. Nicht zu trockener, nahrhafter Boden, kalkverträglich. Für Bienen interessanter ist die wenig Platz beanspruchende Rote Sommerspiere, *Spiraea bumalda* 'Anthony Waterer', Höhe 100 cm, robust, winterhart, dunkelrosa Blüten VII-IX, schön als niedrige Rabatte. Wunderschön auch *Spiraea japonica* 'Crispa', blüht in intensivem Rosa VII-VIII, 80 cm. Alljährlicher Rückschnitt im Spätwinter fördert die Blühfreudigkeit.

Prunkspiere (*Exochorda racemosa*)
Anfang V mit großen reinweißen Blüten übersäter Großstrauch, bis 2 m, kalk- und trockenheitsverträglich, langsame Entwicklung, Schnitt vermeiden. Empfehlenswert 'The Bride'.

Rhododendron (*Rhododendron* sp.) Unzählige Züchtungen, einige können im Lauf der Jahre ziemlich dominant werden; es gibt aber auch Zwergformen für kleine Gärten. Unbedingt saurer Boden, Halbschatten, keine Wintersonne, nur mit kalkfreiem Wasser gießen, dicke Mulchschicht im Wurzelbereich. Insbesondere *Rhododendron catawbiense* mit lila Blütenfülle zieht Hummeln magisch an, Höhe bis 3 m, verträgt gelegentlichen Rückschnitt. Blütenstände nach dem Abblühen unbedingt ausputzen, sonst ein Jahr lang schwache Blüte. Der Alpenrosen-Honig stammt von der Bewimperten Alpenrose (*Rhododendron hirsutum*), die in Höhenlagen auf kalkreichem Boden wächst, aber auch von der Rostblättrigen Alpenrose (*Rhododendron ferrugineum*),

●●● *Viburnum tinus*

●●● **Schneeglöckchenbaum**

die Silikatgestein und leicht sauren Boden bevorzugt. Beide Arten haben sehr nektarreiche Blüten.

Schneeball (*Viburnum* sp.)
Eine sehr variantenreiche Familie. Der Gemeine Schneeball (*Viburnum opulus*) gilt als heimisch, winterhart und industriefest, bis 4 m hoch und breit, blüht V–VI, insektenfreundliche, weiße Schirmblüten. Kalkhaltiger, eher feuchter Boden in Sonne bis Schatten, ökologisch wichtiges Vogelnährgehölz. Eine der schönsten Schneeballarten ist *Viburnum plicatum* 'Mariesii', der Japanische Schneeball, 2 m hoch, aber bis zu 3 m breit, sollte als Solitär gepflanzt werden. Frosthart wie alle Schneebälle, Flachwurzler, daher ungeeignet für stark austrocknende Gartenbereiche. 'Watanabe' blüht etwas später, VII–VIII, bis 2 m, wertvolle Futterquelle für Insekten. Für kleine Gärten oder Terrassen mit Schattenbereichen würde sich der Koreanische Duftschneeball, *Viburnum carlesii*, gut eignen, 150 cm, von VI–V rosa-weiße Blüten, wie alle Schneebälle tolle Herbstfärbung. Leicht saurer Boden. Ein winterliches Highlight ist der Duft-Schneeball, *Viburnum farreri*, je nach Witterung bereits im Winter rosa-weiße, in Rispen zusammenstehende Blüten, bereichert im zeitigen Frühjahr die Hummelspeisekarte. Bis 2,5 m, schwach saurer Gartenboden. Noch kleiner, ca. 100 cm, bleibt *Viburnum farreri* 'Nanum', der Zwergschneeball. Ein Geschenk der Natur an Hummeln und vorwitzigen Bienen ist der ebenfalls winterblühende Bodnant-Schneeball, *Viburnum × bodnantense*. Schön ist auch der Prager Schneeball (*Viburnum × pragense*) mit rosa Knospen und weißen Blüten von V–VI, bis 2–3 m, weist zum Unterschied zu den meisten Schneeballarten mit runzligem Laub grün glänzende Blätter auf. Alle kleinwüchsigen Arten sind für die Kübelkultur geeignet. Wolliger Schneeball (*Viburnum lantana*) siehe heimische Gehölze.

Schneeglöckchenbaum (*Halesia carolina*),
auch Silberglöckchen. Kleiner sommergrüner Laubbaum oder Großstrauch für geschützte Lagen in Sonne bis Halbschatten, frosthart und gesund, silberweiße Blütenfülle vor dem Laubaustrieb IV–V, Nektarquelle für Bienen, goldgelbes Herbstlaub, Wuchshöhe und -breite bis 5 m, schön als Solitär, Tiefwurzler für leicht sauren Boden, hübsche Früchte, die lange am Baum hängen.

Weigelie

Die duftenden Blüten der Heckenkirsche ziehen ab März auch Wildbienen an

Abelia grandiflora

Wildbiene auf Aronia-Blüten

Weigelie (*Weigela* sp.)
Anspruchsloser Großstrauch bis 3 m, im Alter ausladend, schnittverträglich. Flachwurzler, nicht zu stark austrocknender, nährstoffreicher Boden. Von V–VI üppiger, insektenfreundlicher Blütenflor. 'Bristol Ruby' blüht rubinrot, attraktive herbstliche Laubfärbung. Die Zwergform *Weigela florida* 'Monet' ist mit 70 cm Höhe für die Terrassenbepflanzung geeignet.

Winter-Heckenkirsche (*Lonicera × purpusii*), der intensiv nach Honig duftenden Blüten wegen auch als Duft-Heckenkirsche bezeichneter wertvoller Winterblüher, eher für große oder Naturgärten geeignet. Die weißen Blüten erscheinen je nach Witterung sehr zeitig und öffnen sich zur Freude von Hummeln und ersten Bienen nur nach und nach. Frosthart, robust und gesund, bis 2,5 m hoch und breit, tiefgründiger Boden. Dichte Verzweigung, gut als Sichtschutzhecke. In nicht zu kalten Wintern verbleibt das Laub am Strauch. Rote, von Vögeln geschätzte Früchte. Die **Gemeine Heckenkirsche**, *Lonicera xylosteum*, gilt ebenfalls als ökologisch wichtiger Strauch, die Blüte erfolgt jedoch mit V–VI zur Zeit eines ohnehin großen Nahrungsangebots für Insekten aller Art.

Kleinsträucher-Halbsträucher

Abelie (*Abelia* sp.)
Hübscher sommergrüner Kleinstrauch mit bogig überhängendem Wuchs. *Abelia mosanensis* blüht mit zierlichen, rosa-weißen Glöckchen V–VI, orangerote Herbstfärbung. Durchlässiger, leicht saurer Gartenboden bevorzugt. *Abelia × grandiflora* blüht weiß VII–IX, mehrere Züchtungen erhältlich. In den ersten Wintern nach der Pflanzung Bodenabdeckung empfohlen. Für Kübelpflanzung geeignet, orangerote Herbstfärbung.

Apfelbeere (*Aronia* sp.),
robustes, leicht überhängendes, auch für kleinere Gärten geeignetes Solitärgehölz, 2 m, geeignet als Hecke oder für Kübelpflanzung, darf als Feuerbrand-Wirtspflanze nicht überall verkauft werden. Standort sonnig bis halbschattig, normaler Gartenboden, nicht zu viel Feuchtigkeit. Sehr frosthart, salzverträglich, flach wurzelnd, kann Ausläufer bilden. Große

Rhododendron* × *obtusum

Für die Bartblume als Nahrungsquelle im Spätsommer sind Bienen besonders dankbar

Blauraute

Fülle an selbstfruchtbaren Doldenblüten, über die sich Bienen und Hummeln freuen. Ab VIII nach und nach reifende, rotbraun bis schwarze, erbsengroße Früchte, die als die vitaminreichsten und gesündesten aller Beerenfrüchte gelten. Besonders reich tragende Züchtungen *Aronia melanocarpa* 'Aron' und *Aronia prunifolia* 'Nero'. Fruchtertrag ab dem zweiten Standjahr. Die säuerlichen Beeren können ähnlich wie Johannisbeeren verwertet werden. Ohne Schutznetz wird die Ernte allerdings kaum gelingen, da auch Vögel Apfelbeere lieben. Gelegentliche Kompostgabe, sonst kaum Dünger. Regelmäßiger Rückschnitt älterer Sträucher bringt stärkeren Austrieb und bessere Verzweigung. Attraktive weinrote Herbstfärbung.

Azalee (*Rhododendron × obtusum*)
Vielgestaltig und bei richtiger Pflege von enormem Blütenreichtum, IV–V, die kelchförmigen Blüten werden vorwiegend von Hummeln, aber auch Bienen besucht. Unter den japanischen Freilandazaleen unendlich viele Züchtungen, saurer, lockerer Boden, viel Feuchtigkeit, aber keine Staunässe, leichter Rückschnitt nach der Blüte möglich. Die Blüten von *Rhododendron mollis* ssp. *mollis* (Syn. *Azalea mollis*) müssen nach dem Abblühen ausgeputzt werden. Im Frühjahr Rhododendrondünger, halbsonniger Standort, Fuß beschattet (siehe auch unter Rhododendron).

Bartblume (*Caryopteris × clandonensis*)
Kalkliebender Halbstrauch, 80–100 cm, für warme, eher trockene Standorte. Nahrhafter Boden, leichter Winterschutz im Wurzelbereich empfohlen. Blüht zur Begeisterung unzähliger Bienen VIII–IX in unglaublich schönem Blau, später Pollenlieferant. Ältere Bartblumen können recht ausladend werden, daher als Nachbarn Pflanzen setzen, die sich mit Ende Juni bereits zu verabschieden beginnen. 'Heavenly Blue' und andere Züchtungen, 'Blue Balloon' wächst kompakter, fast kugelig. Im Frühling leicht zurückschneiden. Für Kübel geeignet.

Blauraute (*Perovskia atriplicifolia*)
Halbstrauch mit langer Blütezeit VII–IX, Höhe ca. 100 cm, ausladender, etwas sperriger Wuchs, gut für extrem trockene, vollsonnige Standorte, grüngraues, feines Laub, Bienenmagnet. Rückschnitt im zeitigen Frühjahr. Empfehlenswert 'Blue Spire'.

●●● **Blutjohannisbeere**

●●● **Buchs wird seit Jahrhunderten als Einfassungspflanze verwendet**

●●● ***Cotoneaster horizontalis***

●●● **Dreiblattspiere**

Blutjohannisbeere (*Ribes sanguineum*)
Wertvolle Trachtpflanze für Bienen und Hummeln. 'Atrorubens' erreicht bis 2 m Höhe, wächst straff aufrecht. Nährstoffreicher Gartenboden, frosthart, Sonne bis Halbschatten, verträgt keine Trockenheit, rote Blüten IV–V. Gelegentlicher Rückschnitt alter Triebe empfohlen. Beeren werden gern von Vögeln geerntet.

Buchs (*Buxus sempervirens*)
In den letzten Jahren wegen des Buchsbaumzünslers zunehmend aus den Gärten verschwunden, durch mehrmaliges sattes Einsprühen mit in Wasser aufgelöstem mikrofeinem Calciumcarbonat kann man diesen aber gut in den Griff bekommen. Blüte IV–V bei älteren Buchsbäumen, die im Vorjahr nicht beschnitten wurden. Begehrte, nektarreiche Insektenweide. Flachwurzler, daher bei Frühlingstrockenheit intensiv wässern, wächst auch gut auf steinigen Böden. Mehrmaliger Rückschnitt während des Sommers immer vor Schlechtwetterphasen empfohlen. *Buxus sempervirens* 'Suffruticosa' wird nur 50–100 cm hoch, wächst langsam, gut für Einfassungen, keine Blüten. Buchs ist in allen Teilen giftig.

Cotoneaster (*Cotoneaster horizontalis*),
eigentlich Zwergmispel, darf als Wirtspflanze für Feuerbrand nicht überall verkauft werden. Trockenheitsverträglicher, ausladender Bodendecker bis 1 m, Flachwurzler, schnittverträglich, kleine weiße Blüten V–VI, gute Bienenweide, rote Früchte im Herbst, Laubfärbung, verträgt Halbschatten. Zur Blütezeit zieht *Cotoneaster* × *watereri* 'Cornubia', die Baummispel, mit nach Honig duftender weißer Blütenfülle unzählige Bienen an, Höhe bis 3 m, gut schnittverträglich, frosthart, ausdauernd. Im Herbst von Vögeln begehrte rote Früchte. Ein Insektenmagnet ist der Amselbrotbaum (*Cotoneaster bullatus*), auch Runzelige Strauchmispel benannt, rötliche Blüten V–VI, Früchte giftig. Höhe bis 3 m, windstabil, frosthart, bevorzugt leicht sauren Boden.

Dreiblattspiere (*Gillenia trifoliata*)
Zur Blütezeit VI–VII mit unzähligen kleinen, in roten Kelchen steckenden weißen Blüten übersäter Kleinstrauch, zauberhafter Anblick für uns, interessant für Insekten. 80–100 cm, nahrhafter, nicht zu trockener Boden, Sonne bis Halbschatten, schön für Gehölzrand, attraktive Herbstfärbung.

Eibisch bietet reichlich Pollen

Erlenblättriger Federbuschstrauch

***Potentilla fruticosa* 'Abbotswood'**

Ginster

Großblumiges Johanniskraut

Eibisch (*Hibiscus syriacus*), sommerblühender Strauch, große Blüten weiß, rosa, blau, VII–IX, langsam wachsend, schnittverträglich. 150–200 m, nährstoffreicher Boden, Sonne bis Halbschatten, zahlreiche Züchtungen, viel Schmetterlingsbesuch.

Erlenblättriger Federbuschstrauch
(*Fothergilla gardenii*)
Rarität für kleine Gärten in geschützter Lage, Sonne oder Halbschatten. Leicht saurer, lockerer Boden wie für Rhododendron wird bevorzugt. Kleiner, rundlicher Strauch, winterhart, langsamer Wuchs bis 150 cm. Weiße, nach Honig duftende, aufrechte Blütenkerzen, die Bienen anziehen. Fantastische Herbstfärbung. *Fothergilla major* kann über 2 m erreichen, wertvoller Frühblüher.

Fünffingerstrauch (*Potentilla fruticosa*)
Anspruchsloser Kleinstrauch mit eher kugeligem Wuchs, 60–100 cm, lange, bienenfreundliche Blüte V–VI, anspruchslos, winterhart, schnittverträglich, blüht am besten am zweijährigen Holz. Verträgt Hitze, Trockenheit, Sonne, leichten Schatten, auch als Kübelpflanze geeignet, Boden eher leicht sauer. Die meisten Züchtungen blühen gelb, sehr hübsch ist aber auch *Potentilla fruticosa* 'Abbotswood' mit weißen Blüten.

Ginster (*Cytisus praecox*) Als sehr bienenfreundlich gilt der Elfenbeinginster 'Allgold', Blüte V–VI, Höhe bis 150 cm, überhängender Wuchs, bevorzugt leicht saure Böden. Auch beim **Edel- oder Besenginster** (*Cytisus scoparius*) gibt es nektarreiche Züchtungen, er ist eher kurzlebig. Der bei uns heimische **Färberginster**, *Genista tinctoria*, blüht goldgelb VI–VIII, wird 1 m hoch, liebt mageren, sauren Boden und sollte nicht gedüngt werden.

Großblumiges Johanniskraut (*Hypericum patulum* 'Hidcote'), Zierpflanze ohne Heilwirkung, große Blüten, VI–X, guter Pollenlieferant. Hitzeverträglich, bis ca. 150 cm, sonniger Standort. Für Jungpflanzen Wurzelabdeckung im Winter, später winterhart. Im Frühjahr zurückschneiden, nur einmal düngen, für Tröge geeignet. Frosthart und besonders insektenfreundlich ist die Neuzüchtung *Hypericum kalmianum* 'Gemo', 100 cm, leuchtend gelbe, besonders große Blüten VII–IX, eher trockenheitsliebend. Johanniskraut als Heilkraut siehe unter Echtes Johanniskraut, Seite 137.

●●● **Kletterhortensie**

●●● **Knopfbusch**

●●● **Mönchspfeffer**

●●● **Mahonie**

Hortensie (*Hydrangea* sp.)
Klassisches Beispiel, wie variantenreich die Natur ist. Allgemein liest man, dass Hortensien bienenunfreundlich seien, was so nicht stimmt. Sowohl die Samthortensie, *Hydrangea aspera* ssp. *sargentiana*, die im Halbschatten auf leicht saurem Boden über 2 m Höhe erreichen kann und lila blüht, als auch die feuchtigkeitsliebende, vielgestaltige Rispenhortensie, *Hydrangea paniculata*, die Eichblatt-Hortensie, *Hydrangea quercifolia*, und die Tellerhortensie, *Hydrangea macrophylla*, die leicht variierend von VII–IX blühen, erhalten durchaus Insektenbesuch. Die Kletterhortensie, *Hydrangea petiolaris*, ist sogar einer der größten Bienenmagneten des Hausgartens und blüht bereits V–VI.

Knopfbusch (*Cephalanthus occidentalis*),
auch als Honigball bezeichnet. Exotisch wirkender Kleinstrauch, auch als Zwischenpflanzung in Rabatten geeignet. Pflegeleicht und winterhart, sollte aber nie austrocknen, verträgt gelegentliche Staunässe. Langsamer Wuchs, bis max. 2 m. VII–VIII gelbweiße, duftende Blütenkugeln, die ähnlich wie Kugeldisteln Insekten magisch anziehen. Im Herbst orangegelbe Laubfärbung. Bei Kübelkultur etwas Winterschutz nötig. Ein kräftiger Rückschnitt vor dem Austrieb hält die Pflanze niedrig und reichblühend.

Mönchspfeffer (*Vitex agnus-castus*)
Exzellente, späte Bienenweide, VII–VIII, attraktive, violette Blütenkerzen mit pfeffrigem Geruch, graufilziges Laub. Wünscht sich trockenen, vollsonnigen und etwas geschützten Bereich mit nahrhaftem, gut durchlässigem Boden, für Höhenlagen nicht geeignet. Mit etwas Bodenabdeckung winterhart, alljährlicher Rückschnitt im Frühjahr fördert die Verzweigung und bringt mehr Blüten. 50–200 cm, mit Winterschutz auch für Kübelkultur geeignet. Wurde früher in Klostergärten als Heilpflanze angebaut.

Mahonie (*Mahonia aquifolium*)
Verträgt Wurzeldruck alter Bäume, liebt halbschattigen, eher feuchten und kalkarmen Standort. Bienenfreundliche, leuchtend gelbe Blüten IV–V, dekoratives, glänzendes, immergrünes Laub, schnittverträglich. Im Spätherbst dunkle Beeren, die von Vögeln geerntet werden. Winterhart, im Frühling Kompostgabe.

Purpurbeere
(*Symphoricarpos doorenbosii* 'Amethyst'), auch Knallerbsenstrauch. Völlig anspruchsloser Kleinstrauch bis 150 cm, zur späten Blütezeit. VII–VIII sind die traubenförmig erscheinenden lilarosa Blüten ein Highlight für Bienen. 'Magic Berry' zeigt magentafarbene Früchte. Salzverträglich und robust, auch für Straßenböschungen und niedrige Hecken gut geeignet. Schnittverträglich, reicher Fruchtschmuck.

Scheinhasel (*Corylopsis* sp.)
für Bienen und Hummeln wichtiger Vorfrühlingsblüher, *Corylopsis spicata* blüht III–IV gelblich grün, Höhe bis 2 m. *Corylopsis pauciflora*, die Zwergscheinhasel, wird nur 100 cm hoch und trägt zartgelbe, duftende Blüten, *Corylopsis sinensis* wird bis 5 m hoch. Kalkarmer bis leicht saurer, humusreicher Boden, ausreichend Feuchtigkeit. Im Gegensatz zur echten Haselnuss kein Windbestäuber.

Schneeforsythie (*Abeliophyllum distichum*)
Wunderbarer, aus Korea stammender, langsam wachsender, winterharter Vorfrühlingsblüher, 2 m, auch für kleine Gärten. Blütezeit III–IV. Enorme, rosa-weiße Blütenfülle vor dem Laubaustrieb, intensiver Mandelduft, gute Nahrungsquelle für Hummeln. Wegen der frühen Blütezeit etwas geschützter Standort von Vorteil. Sandig-humoser Boden, keine Staunässe im Winter. Nach der Blüte leichter Rückschnitt möglich, Blüte aber an den Vorjahrestrieben. Für Kübelkultur geeignet.

Silberkerzenstrauch (*Clethra alnifolia*),
auch als Zimterle bezeichnet, die weißen, lange haltbaren Rispenblüten duften stark nach Vanille. Aufgrund der späten Blütezeit VII–VIII wertvolle Bienenweide, bevorzugt eher feuchte, saure Böden. Wuchshöhe und -breite ca. 2 m. Es gibt auch mehrere rosa blühende Züchtungen. Kann in Kübeln gezogen werden, vor Spätfrösten schützen. Leicht saurer Boden, für feuchte Stellen im Heidegarten.

Zierquitte (*Chaenomeles japonica*),
auch Scheinquitte, gutes Vogelschutzgehölz, da bedornte Triebe, Höhe je nach Züchtung 1–3 m. Rosa, rote oder orangerote Blüten IV–V, wertvolle Weide für Hummeln und Bienen. Liebt Sonne und nährstoffreichen, lehmigen Boden. Sparriger Wuchs, essbare gelbe Früchte, winterhart. Für Kübel geeignet, hübsches Wandspalier. Gilt leider ebenfalls als Wirtspflanze für Feuerbrand und darf nicht überall verkauft werden.

Purpurbeere

Ein Admiral-Schmetterling besucht die Scheinhasel

Schneeforsythie

Silberkerzenstrauch

Zierquitte

●●● Pollenernte auf Ramblerrose 'Francis Lester'

BIENENFREUDE IM ROSENGARTEN

Bienenfreunden wird zumeist ans Herz gelegt, nach Möglichkeit nur „heimische“ Wildrosen zu pflanzen, da gezüchtete Rosen weniger bienenfreundlich seien. Mit dieser Behauptung, die wenig Rosenkenntnis verrät, fügt man der Königin der Blumen großes Unrecht zu, denn sehr viele Rosenarten lieben Bienen und umgekehrt, und nicht wenige sind sogar wahre Bienen-Hotspots. Irgendwann, vor Tausenden von Jahren, sind alle Rosen bei uns zugewandert, es gibt da verschiedene Thesen. Sicher ist, dass Rosen schon vor über zweitausend Jahren gezüchtet wurden, aber das war nicht bei uns. Um das Jahr 800 herum hat Karl der Große verordnet, die Essigrose zu medizinischen Zwecken anzubauen. Durch die Kreuzzüge kamen im Mittelalter dann mehr und mehr Rosenarten aus dem Nahen Osten zu uns, anfangs wohl in die Klostergärten, von wo aus sie ihren Siegeszug antraten und mittlerweile vielfach als heimisch gelten. Heute ist ein Garten ohne Rosen kaum vorstellbar und welche von ihnen tatsächlich als „heimisch“ zu betrachten sind oder nicht, ist für Bienen und andere fliegende Rosenfreunde kein Kriterium. Hauptsache sie produzieren reichlich Pollen, noch dazu dann, wenn es im Bienenstock viel Nachwuchs zu füttern gilt. Mit Nektar konnten Rosen bisher kaum aufwarten, mittlerweile werden aber spezielle „Bienenweide-Rosen“ gezüchtet, die auch Nektar anbieten.

Der Rosen süßer Duft genügt,
man braucht sie nicht zu brechen,
und wer sich mit dem Duft begnügt,
den wird ihr Dorn nicht stechen.

(F. M. Bodenstedt)

Durch ihre frühe und überreiche Blüte ist *Rosa hugonis*, die Chinesische Goldrose, fraglos eine der besten Bienenweiderosen

Bienenfreundliche Rosen, ob sie nun wild entstanden oder nachweislich durch Kreuzung der unterschiedlichsten Rosenarten gezüchtet wurden, haben immer fünf sich weit öffnende Kronblätter und deutlich sichtbare Staubgefäße, auf denen sich, je nach Abstammung der Rose, mehr oder weniger Bienenfutter befindet, das kann stark variieren. Wenn die Blütenfarbe dann auch noch Weiß oder Gelb ist, den von Bienen favorisierten Farben, umso besser. Je mehr Blütenblätter der Rose angezüchtet wurden, umso komplizierter wird für Bienen das Erreichen des Blütengrunds, aber nicht unmöglich. Einzig bei besonders stark gefüllten Rosen gibt es dort nichts von Bieneninteresse zu finden.

●●● Die üppig und mehrmals blühene 'Pilgrim' ist trotz ihrer gefüllten Blüten für Bienen anziehend

●●● Die Strauchrose 'Nevada' blüht leider nur einmal im Frühsommer

Eine der ältesten bei uns bekannten Rosenarten ist sicher *Rosa gallica* 'Officinalis', die Essig-Rose, die gern von Bienen besucht wird, auch wenn sie keine Riesenmasse von Blüten produziert. Zu den extrem früh, bereits Anfang Mai, blühenden Wildrosen zählt *Rosa hugonis*, die Chinesische Goldrose. Sie wächst zu einem 2 bis 3 m hohen, leicht überhängenden Strauch heran, der über Wochen hinweg mit goldgelben, ungefüllten Blüten übersät ist und einen erstklassigen Bienen-Hotspot darstellt. Nicht einmal halb so groß wird *Rosa pimpinellifolia*, die Bibernell-Rose, die in Europa ebenfalls schon lange in Kultur ist und mit weißen Schalenblüten aufwartet. Robust und winterhart ist sie auch mit nicht so nahrhaften, aber kalkhaltigen Böden zufrieden. Eine sehr alte Rosenart ist *Rosa moschata*, die Moschus-Rose, Stammmutter der berühmten, mehrmals blühenden 'Ballerina', die im Herbst mit besonders vielen Hagebutten aufwartet; auch 'Mozart' oder 'Bee Lovely', erhalten viel Bienenbesuch. Zuchtbasis für viele ungefüllt blühende Abkömmlinge ist *Rosa rubiginosa*, die Schottische Zaunrose. Sie soll aus der als heimisch

●●● Einfach blühende Rosen bieten reiche Pollenernte

geltenden Apfelrose, *Rosa villosa*, entstanden sein, die wiederum als Wildrose über ganz Europa verbreitet ist und steinige, kalkhaltige Böden bevorzugt. *Rosa canina*, die Hundsrose, war früher als Heckenrose bei uns sehr häufig, ist inzwischen aber selten geworden, so wie die Rotblättrige Rose, *Rosa glauca*, mit rötlichem Laub und bei Vögeln sehr beliebten Hagebutten. Beide werden über 2 m hoch. Die oft als heimisch bezeichnete, sehr robuste Kartoffelrose, *Rosa rugosa*, stammt eigentlich aus Fernost und gilt mancherorts als invasive Pflanze. Für Höhenlagen geeignet ist die extrem frostharte *Rosa pendulina*, die Alpenheckenrose, mit zahlreichen tiefrosa Blüten, aber auch die Ausläufer treibende Zimtrose, *Rosa majalis*, gilt als sehr robust. Nicht zu vergessen die Büschelrose, *Rosa multiflora*, sie bevorzugt kalkarme Böden, wird 2 m hoch und breit und lockt bereits Ende Mai mit ihren weißen Blütenbüscheln Insekten aller Art an. Wie alle Wildrosen blüht sie nur einmal, aber ausdauernd, und trägt im Herbst reichlich kleine Hagebutten.

Rosa complicata

… die Sache mit den Biorosen

Als Biogärtner strebt man natürlich die sogenannte Biodiversität an, was unter anderem bedeutet, die Ressourcen dieser Erde zu teilen. Aber die von uns angestrebte Artenvielfalt im Garten beschränkt sich leider nicht ausschließlich auf von uns gewollte Besucher. Vor allem bei Rosen sind unweigerlich auch ein paar ziemlich ärgerliche tierische oder pilzliche Mitbewerber vor Ort, mit denen wir unsere Rosen nur höchst ungern teilen. Überdüngte Rosen gelten generell als anfälliger für Schädlingsbefall, oft liegt es aber auch an einer genetisch bedingten Immunschwäche, die Rosen zu Dauerpatienten macht. „Einmal ist keinmal“ lautet eine wichtige Regel bei der biologischen Rosenpflege, die regelmäßig und vor allem rechtzeitig erfolgen sollte.

Rosa mundi

Gefüllt blühende Rosen

... gelten generell als bienenunfreundlich, sind es aber keineswegs. Es gibt gar nicht so wenige, die ihre Blüten so weit öffnen, dass letztlich doch Staubgefäße sichtbar werden, die von Bienen sofort entdeckt werden. Am dichtesten gefüllt blühen z. B. *Rosa centifolia*, die Hundertblättrige Rose, Moosrose, Bourbon- und Remontantrosen. Man muss also keineswegs völlig auf gefüllte Rosen verzichten, sondern nur beobachten. Die Natur hält fast immer ein Hintertürchen offen.

Die gefüllt blühende, stark duftende 'Charteuse de Parme' ist für Bienen eher uninteressant

'Clair Renaissance' ist nicht ganz so dicht gefüllt und wird von Bestäubern gern angenommen

Mit reinweißen großen Blüten wie überschüttet ist *Rosa moyesii* 'Nevada', ein üppig blühendes, mit einer schwachen Nachblüte aufwartendes Highlight im Garten. Ebenso reich blühend ist die bezaubernde rosa 'Marguerite Hilling', die ebenfalls zwischen 1,5 und 2 m erreicht und bogig überhängt. *Rosa moyesii* 'Geranium' wird ca. 2 m hoch und überrascht mit einfachen, knallroten Blüten, einer bei Wildrosen eher seltenen Farbe. Insgesamt sind an die hundert Wildrosenarten im Handel erhältlich, darunter sind viele nur für große Gärten empfehlenswerte sogenannte Großstrauchrosen. Die meisten blühen nur einmal und benötigen, um ihre volle Schönheit entfalten zu können, viel Raum. Für kleine Gärten sind dauerblühende Zuchtformen daher zumeist besser geeignet.

Unter den so bezeichneten „Alten Rosen" gelten u. a. die zweifarbige *Rosa mundi* (auch *Rosa versicolor*) oder die dunkelviolette 'Tuscany Superb', ebenfalls eine *Rosa gallica*, als bienenfreundlich. Besonders winterhart und fast stachellos ist die überreich blühende *Rosa complicata* mit gut 2 m Höhe und Breite, die dunkelrosa Strauchwildrose *Rosa gallica* 'Officinalis' erreicht nur 1,5 m.

Rosen-Sorte 'Yesterday'

Über die Rosenlaube im „Weißen Garten" von Sissinghurst hat sich *Rosa mulliganii* bienenfreundlich ausgebreitet

Eine altbewährte Strauchrosenzüchtung ist die gelb blühende 'Lichtkönigin Lucia', die sich auch als kleine Kletterrose verwenden lässt. Nur einmal, dafür aber üppig und bereits im Mai, blüht 'Frühlingsgold'. Mit ca. 2 m Höhe wartet *Rosa rugosa* 'Agnes' mit bernsteingelben, nur leicht gefüllten, stark duftenden Blüten auf. Sie blüht ebenfalls sehr früh und erhält viel Bienenbesuch. Rund 1,5 m hoch wird 'PiRo 3', die rosa Pillnitzer Vitaminrose, die große Hagebutten ausbildet. In jedem neuen Rosenkatalog werden jetzt aufgrund der steigenden Nachfrage mehr und mehr „Bienenrosen" angeboten. Sorten mit vielen kleinen Blüten sollte man bevorzugen.

Der berühmte deutsche Rosenzuchtbetrieb Kordes hat sich bereits vor Jahren der Produktion von bienenfreundlichen Rosen gewidmet und bringt inzwischen bereits eine beachtliche Palette in vielen Größen und Farben auf den Markt. Viele davon sind auch für kleine Gärten bzw. eine Kübelpflanzung geeignet.

Auch für Terrassen gibt es durchaus bienenfreundliche Rosen. Da es sich um Tiefwurzler handelt, benötigen Rosen zur Pflanzung weniger breite als tiefe Container. Am besten greift man zu dauerblühenden Kleinstrauch-, Bodendecker- oder Zwergrosen, die selten mehr als einen Meter Höhe erreichen, zumeist aber ausdauernd blühen. Neuzüchtungen halten oft bis in den Spätherbst hinein durch, wie die duftende weiße 'Sternenflor' oder die lilarosa 'Yesterday'. Die Zwergrose 'Bienenweide' wird mit roten, weißen, rosa oder aprikosenfarbigen Blüten angeboten.

Bienenfreundliche Rosenbegleitstauden

Niedrige Astern, Ehrenpreis, *Erigeron*, Felberich, Frauenmantel, Glockenblumen, Indianernessel, Kalimeris, Katzenminze, Kugeldistel, Mutterkraut, Pfingstnelke, Pfingstrose, Phlox, Salbei, Sonnenbraut, Sonnenhut, Schafgarbe, Steinquendel, Sterndolde, Storchschnabel, Wiesenraute, Ziest u. a.
Noch vor Beginn der großen Rosenblüte punktet der Bienenfavorit *Allium*, dessen Zwiebeln im Herbst gepflanzt werden müssen.

***Verbena bonariensis* ist eine wunderbare Rosenbegleitpflanze**

Bienen-Eldorado Ramblerrosen

Die richtig große Blütenfülle, die Bienen aus nah und fern anlockt, vermögen jedoch vor allem die sogenannten Ramblerrosen zu produzieren. Die meisten sind, ihrem wilden Charakter entsprechend, völlig anspruchslos und wachsen ganz ohne unser Zutun bis in eine Höhe von 8 m und mehr. Bei aller Bienenliebe muss man sie also mit Überlegung pflanzen, sonst wird man eines Tages unweigerlich zum Dornröschen. Mit einer Höhe von 4 bis 5 m verhält sich 'Francis Lester' mit zartrosa Blüten, von denen Bienen hingerissen sind, noch einigermaßen manierlich. Sie hat, von der ersten von Hunderten sich öffnenden, zartrosa Blüten bis zur letzten, einen so regen Besuch wie die dunkelrosa 'American Pillar'. Geht man ein bisschen auf Suche, entdeckt man auch für kleinere Gärten geeignete Rambler, wie die weiß blühende 'Guirlande d'amour', die Halbschatten toleriert, oder die rosa 'Open Arms' mit nur ca. 3 m Höhe und relativ zartem Aufbau. Für eine Kübelpflanzung eignen sich eher Kletterrosen mit einem etwas schwächeren Wuchs. Nur wenige können allerdings wie 'Bajazzo' mit ungefüllten Blüten aufwarten. Die bezaubernde zartrosa 'Little Rambler' kann man überhängend verwenden, sie ist fast dauerblühend.

Ramblerrosen – ein bienenfreundliches neues Kleid für alte Bäume

Obstbäume haben irgendwann ihren biologischen Höhepunkt überschritten und sollten dann nach wirtschaftlichem Gesichtspunkt gerodet werden. Nur hat man sich meistens so an den Baum gewöhnt, dass allein schon das Andiskutieren einen Familienzwist hervorrufen würde. Diese alten Bäume eignen sich wunderbar als Stützen für Ramblerrosen, die mit ungeheurer Wuchskraft innerhalb weniger Jahre mit weichen, biegsamen Trieben bis in die höchste Baumspitze hinaufklettern. Beim Pflanzen der Rose darauf achten, dass sie mit mindestens 2 m Abstand vom Baumstamm in eine wurzelfreie Lücke versenkt und mit spezieller Rosenerde verwöhnt wird. Anfangs muss man die Triebe hochleiten, aber bald schon erledigt die Rose das ganz von selbst. Gut geeignet sind die Züchtungen 'Bobby James', 'City of York', 'Lykkefund', 'Paul's Himalayan Musk', die stark duftende 'Seagull', 'Wedding Day', die Naturform *Rosa mulliganii* und andere.

'Bobby James'

© Gerda Walton

© Gerda Walton

Die Gruppe der Ramberrosen bieten für jeden Geschmack und Standort die passende Sorte

Die *Rosa moschata*-Züchtung 'Sally Holmes' blüht überreich

Komposttee, die bienenfreundliche Biorosenpflege

Handwarmes (16–25 °C) Wasser in einem Kunststofffass mit Regenwurmhumus (vom Biogärtner) oder eigenen, gut verrotteten Kompost verrühren, pro Liter Wasser 1 EL Humus, unter ständiger Zuführung von Luft über eine Teichpumpe (preiswert in jedem Baumarkt erhältlich) 24 Stunden lang belüften, 1 Handvoll Steinmehl oder getrocknete Kräuter bzw. 100 ml Zuckermelasse (als Futterquelle für frei werdende Kompost-Mikroorganismen) sollten ebenfalls dazugegeben werden. Entstehenden Schaum mit einem kleinen Spritzer Lein- oder Olivenöl bannen. 1 : 5 bis 1 : 10 verdünnt zwei- bis dreimal pro Saison abends über Rosen, aber auch andere Gartenpflanzen wie Gemüse oder Blütenstauden sprühen, offene Blüten schonen. Verhindert Pilzbefall und stärkt das pflanzliche Immunsystem extrem.

Hagebutten dokumentieren eifrigen Bienenbesuch

Wie bienenfreundlich eine Rose ist, erweist sich im Spätherbst, wenn sich zahlreiche Früchte zu färben beginnen. Strebt man Hagebutten als Fruchtschmuck bewusst an, muss man allerdings nicht nur die richtige Rose pflanzen, sondern auch in Kauf nehmen, dass diese nach der Blüte eine Zeit lang, bis alle Blütenblätter abgefallen sind, etwas unordentlich wirkt. Hagebutten gibt es übrigens nur bei einmal blühenden Rosen, bei mehrmals blühenden reicht die Zeit in unserem Klima nicht mehr zum Ausreifen aus. Im Verlauf des Winters verschwinden die Hagebutten meistens wie von selbst, da sie nach dem Frost ein begehrtes Vogelfutter darstellen.

Hagebutten dokumentieren eifrigen Bienenbesuch – Vögel freut's

Singvögel lieben kleine Hagebutten

© Alex Würtenberger

DIE SACHE MIT DEM BIENENRASEN –

Wir legen eine Blumenwiese an

Ganz gleich, wohin man heute auch fährt, jedem Menschen, der Augen hat, um zu sehen, fällt die in bestürzender Geschwindigkeit erfolgte Umwandlung unserer einst so sinnvoll strukturierten Landschaft hin zur Monotonie der industrialisierten Landwirtschaft und damit auch der Teufelskreis auf, in dem wir uns befinden. Einerseits glaubt man, etwas für unser Klima zu tun, wenn auf riesigen Ackerflächen sogenannte nachwachsende Rohstoffe, wie zum Beispiel Mais, zur Herstellung von Biokraftstoffen angebaut werden. Aber neben vielen anderen Faktoren, wie glatt gemähte Grünstreifen entlang der Straßen oder mit chemischer Keule „gesäuberte" Bahndämme, haben unter anderem auch diese riesigen insektenfreien Zonen maßgeblich dazu beigetragen, dass in den letzten zehn Jahren rund die Hälfte unserer Insekten durch den Verlust ihres Lebensraums verschwunden ist. Bunte Blumenwiesen, über denen Schmetterlinge tanzen, sind zur Rarität geworden, vielleicht entdeckt man noch die eine oder andere im Umfeld eines Biobauernhofs oder entlang einer alpinen Bergstraße, ganz hoch oben, wo sich das Düngen der Wiese zur Steigerung des Ertrags angesichts der kurzen Vegetationszeit nicht lohnt. Diese Endzeitstimmung für Biene & Co werden wir durch die Umgestaltung unseres Rasens zwar nicht entscheidend verbessern, aber es ist wichtig, das, was wir tun können, auch wirklich zu tun. Nur sollte es auch Hand und Fuß haben und nicht nur unser Gewissen beruhigen, sondern eine echte Überlebenshilfe bedeuten.

Es muss nicht etwas geschehen, sondern ich muss etwas tun.

Es mag durchaus gut gemeint sein, wenn von Bienenfreunden da und dort die Meinung vertreten wird, dass der Rasen durch seltenes Mähen und Einstellung der Düngung spontan bienen-

Ein üppiger Blumengarten verursacht weniger Kopfzerbrechen als eine Wildblumenwiese

freundlicher würde. Aber leider ist es keineswegs so, dass unser Gartenrasen, einfach weil man ihn nicht mehr mäht, sich zu dem in unserem Kopf vorhandenen Bild einer von Bienen umgaukelten Blütenwiese auswächst. Er besteht nämlich aus einer Mischung aufeinander abgestimmter Grassorten, die ganz bewusst ausgewählt wurden, weil sie niedrig bleiben, und nur die berühmte gute Fee könnte mit ihrem Zauberstab daraus plötzlich eine Blumenwiese entstehen lassen. Je nach Bodenbeschaffenheit wird sich im Lauf der Zeit vielleicht bienenfreundlicher Klee ansiedeln, Ehrenpreis, Löwenzahn und Gänseblümchen, womöglich auch Augentrost oder Gundermann, und ganz sicher wird der Breitwegerich bald das Szepter schwingen und sich seinem Namen entsprechend unschön breitmachen. Für das Auge wird dieser „Zurück zur Natur"-Prozess aber absolut kein Genuss sein und das Barfußgehen im Garten unmöglich machen, da man ständig in Gefahr ist, auf eine Biene zu treten. Unsere Empfehlung ist daher, entweder den selbstverständlich biologisch gedüngten Rasen etwas zu verkleinern und die Anpflanzung von echten Bienen-Hotspots rundherum kräftig zu forcieren oder die Sache Bienenwiese gründlich und fachmännisch anzugehen.

Margeriten gedeihen am besten auf kalkhaltigen Böden

Die meisten Wiesenblumen sind Spezialisten, wie die von Bienen viel besuchte Wiesenflockenblume

Wie eine Blumenwiese entsteht

Eine Blumenwiese anzulegen ist so ziemlich die schwierigste Aufgabe, der man sich als Hobbygärtner stellen kann, aber die Evolution hat schließlich auch lange dazu benötigt. Grundvoraussetzung ist ein ausreichend großer, sonniger Platz ohne Staunässe. Steht einem ein stark besonnter Hang oder Hügel zur Verfügung, könnte man dort einen ökologisch ebenfalls wichtigen Trockenrasen anlegen. Es bringt nichts, über den gemähten Rasen einfach Blumensamen auszustreuen. Voraussetzung für gutes Gedeihen ist, dass der Boden mit Sand stark abgemagert, gelockert und von Gras und Unkraut völlig frei gemacht wird. Graswurzeln sind nämlich so dominant im Wuchs, dass darübergestreutes Saatgut kaum eine Chance auf Keimung hat. Ungeduldige säen am besten eine einjährige Mischung aus, da kann am wenigsten passieren. Die Auswahl an einjährigen Blumenwiesenmischungen ist mittlerweile riesig groß. Man sollte hier nicht sparen, Qualität hat bekanntlich ihren Preis, und das Sackerl mit dem buntesten Bild auf der Vorderseite enthält selten die für Bienen beste Mischung. Das Saatgut ist sehr fein und daher schwierig gleichmäßig auszusäen, weshalb man es vorher mit Sand gut vermischt. Um sich an die Mengenangabe zu halten, teilt man die vorgesehene Fläche am besten in Quadrate auf und kann so den Samen leichter einteilen. Kahlstellen sind sonst fast unvermeidlich. Stehen die Blumen hingegen später zu eng, können sie sich nicht artgerecht entwickeln. Die beste

Die Zwiebeln der *Camassia* werden im Herbst gepflanzt und können auf geeigneter Stelle verwildern

Saatzeit ist Anfang März bis Mitte April, sobald der Boden bearbeitet werden kann. Später ausgesät reicht die Zeit für eine Vollblüte nicht mehr aus, da viele Wildpflanzen nur bei einer bestimmten Tageslichtdauer blühen. Blühbeginn ca. zehn Wochen nach Aussaat.

Gut zu wissen

Während einjährige Blumenwiesen abfrieren, den Winter über als Bodenabdeckung liegen bleiben und im Frühjahr neu ausgesät werden, ist es bei Zwei- und Mehrjährigen wichtig, den richtigen Zeitpunkt für die Mahd abzuwarten, damit vorher Samen ausfallen kann. Sonst ist es mit der Blumenwiese schon wieder vorbei, bevor sie richtig angefangen hat. Zum Mähen benötigt man jemanden, der mit einer Sense umgehen kann, anders ist der Wiese kaum beizukommen. Vor allem braucht man Geduld, viel Geduld. Eine insektenfreundliche Blumenwiese ist übrigens nicht nur für Bienen begehrenswert, sondern liefert nach der Mahd auch wertvolles Biofutter. Das Schnittgut sollte man unbedingt an Ort und Stelle abtrocknen lassen, damit der wertvolle Samen zur Gänze ausfällt.

Die Färberkamille und der rot blühende Wiesenknopf (*Sanguisorba* 'Tanna') ergeben eine sehr ungewöhnliche, aber ausgesprochen bienenfreundliche Wiese

Viele „klassische" Wiesenblumen sind zwei- oder mehrjährig. Sät man solche anspruchsvollen Mischungen aus, ereignet sich erst einmal kaum etwas, allenfalls zeigen sich ein paar zur Überbrückung beigefügte Einjährige, wie Mohn, Kornblume oder Kamille, und erst im nächsten Jahr tauchen auch andere Bekannte auf. Schön ist eine Margeritenwiese, sie wird aber nur auf einem kalkhaltigen Boden gedeihen, gern gemeinsam mit Kuckuckslichtnelken und

Unverzichtbar in einer Bienenblumenwiese ist Klee (*Trifolium* sp.)

Zur großen Pflanzenfamilie gehören *Trifolium pratense*, der rot blühende **Wiesenklee**, oder *Trifolium repens*, der weiß blühende Klee. Beide produzieren sehr begehrten, zuckerreichen Nektar, ebenso auch der nur einjährige **Inkarnat-Klee** (*Trifolium incarnatum*). Für Wiese, Staudenbeet und Kiesgärten geeignet ist der attraktive **Purpurklee** (*Trifolium rubens*) 'Red Feather' mit hohen, büschelartigen Blütenständen, 50–60 cm, VI–VIII. Die längste Blütezeit, V–IX, hat der für den Wiesenrand, aber auch für Steingärten und zur Dachbegrünung geeignete, gelb blühende **Hornklee** (*Lotus corniculatus*), ein für unsere Augen eher unscheinbarer Hotspot für Bienen jeder Art.

Purpurklee (*Trifolium rubens*)

Für trockene Flächen empfiehlt sich diese Blumenwiese

Glockenblumen. Viele Wiesenblumen, z. B. die Wiesenflockenblume, sind sogenannte „Zeigerpflanzen" und gedeihen nur auf ihren Bedürfnissen entsprechenden Böden. In Schaugärten, wo Blumenwiesen derzeit hoch im Kurs stehen, werden oft sehr ungewöhnliche Kombinationen gezeigt. Gern werden sie durch nicht zu dominante *Allium*- und *Camassia*-Arten „aufgepeppt", deren Zwiebeln im Herbst gepflanzt werden und sich im Folgejahr durch ausfallenden Samen rasch ausbreiten.

Wildtulpen – Erwin Seidemanns Gartenlieblinge

… unterscheiden sich von den großblütigen *Tulipa*-Hybriden durch einen zierlicheren Wuchs und manchmal verzweigte, immer aber sich weit öffnende, bienenfreundliche Blüten. *Tulipa clusiana* beispielsweise erreicht ca. 30 cm Wuchshöhe, andere bleiben noch kleiner. Sie gedeihen am besten auf einem sandig durchlässigen Boden, der im Sommer austrocknen kann, und eignen sich für besondere Standorte, wie Steingärten, Steppengärten oder Pflanzungen in Hausnähe. Damit das Laub in Ruhe ausreifen kann, sollte man sie mit Nachbarn kombinieren, die rasch Laubmasse entwickeln. Werden sie gleich nach dem Austrieb gut gedüngt, bleiben sie dem Garten über viele Jahre hinweg treu.

***Tulipa sprengeri* blüht erst Mai bis Juni**

Herbstwiese

Besonders gewarnt wird vor dem invasiven **Jakobskreuzkraut**, das in Europa vor allem an Straßenrändern in zunehmenden Mengen auftaucht und für Weidevieh schwer giftig ist. Bienen werden durch den im Sommer durchaus attraktiv dottergelb blühenden Korbblütler zwar nicht geschädigt, aber ein starker Eintrag des Nektars in den Bienenstock sollte verhindert werden. Die reichlich produzierten Samen verbreiten sich stark. Die Pflanze ist zweijährig und sollte bei ihrem Auftreten sofort ausgerissen werden.

Jakobskreuzkraut

BIENENHIMMEL BAUERNGARTEN

Allen gärtnerischen Modeströmungen zum Trotz, hat sich der Bauerngarten nicht nur über Jahrhunderte hinweg weitgehend in seiner ursprünglichen Form erhalten, sondern ist heute als ökologisch wertvollste Form des Gärtnerns wieder aktueller denn je. Natürlich drücken die unterschiedlichen Landschaften und die sie bewohnenden Menschen diesen Bauerngärten, die ursprünglich aus rein zweckmäßigen Gründen zu jedem Gehöft dazugehörten, ihren individuellen Stempel auf und keiner gleicht daher dem anderen. Was sie jedoch eint, ist ihre ausgeklügelte Funktionalität. Im Lauf der Jahre haben immer wieder neue Pflanzen Einzug in den Bauerngarten gehalten, zumeist wurden sie einfach über den Zaun weitergereicht, und haben nicht selten auch Althergebrachtes verdrängt. Aber ihr vom zeitigen Frühjahr bis in den Spätherbst hinein im biologischen Gleichgewicht ablaufendes Gemeinschaftsleben, das Nahrhaftes mit Heilkräftigem und nur Schönem verbindet und an dem Honigbienen, aber auch andere Insekten einen unverzichtbaren Anteil haben, macht den Bauerngarten – heute manchmal auch als Cottage- oder Landhausgarten bezeichnet – zur nach wie vor wertvollsten aller Gartenformen.

Die alten Holzzäune boten Unterschlupf für viele Insektenarten

Kommen die Bienen nicht heraus, ist es mit dem schönen Wetter aus.

Alte Bauernregel

●●● **Die Blüte mancher (Küchen-)kräuter bietet für Insekten wertvolle Nahrungsquellen**

Die Haltung von Honigbienen gehörte damals ganz selbstverständlich zu jedem Bauernhof dazu und die Wanderimkerei war weit verbreitet. Um die Ernährung der Bienenbewohner musste man sich, im Gegensatz zu heute, keine Gedanken machen, gab es doch von Blumen übersäte Wiesen und in jedem Kornfeld und Acker blühendes „Unkraut“ zuhauf. Wiesenraine und Straßenränder waren von heute weitgehend verschwundenen, insektenfreundlichen Wildblumen der unterschiedlichsten Art bewachsen. Zudem ließ man in den Gärten zwecks Samengewinnung immer reichlich für Bienen äußerst interessante Gemüsearten zur Blüte kommen, Kohlrabi, Kraut und Kohl, Rettich, Salat, Zwiebel und vieles andere mehr. Aber auch Kräuter und viele einjährige Blumen wurden ausschließlich durch selbst gewonnenen Samen vermehrt, was voraussetzte, dass zuvor von diversen Insekten gewissenhaft bestäubt wurde.

Auch heute könnte man, genügend Platz im Gemüsegarten vorausgesetzt, Bienen mit zur Blüte gekommenen Gemüsearten erfreuen, so man geeignetes „Grundmaterial“, also keine Hybridsorten auftreibt, die im Gemüsegarten zwecks Nachzucht ungeeignet sind. Auf alle Fälle funktioniert das ganz unkompliziert mit Kresse, Rucola und Schnittlauch, die alle relativ schnell bienenfreundlich zu blühen beginnen, wenn sie nicht laufend abgeerntet werden. Petersilie blüht erst im zweiten Standjahr, Liebstöckel ist ausdauernd und blüht, sehr zur Freude der Bienen, alljährlich, wird aber dominant und kann auf gutem Boden bis 2 m Höhe erreichen.

Beerensträucher

wie Brombeere, Johannisbeere, Stachelbeere und Himbeere gelten als sehr gute Nektar- und Pollenspender. Letztere gilt, auch aufgrund ihrer langen und zum Teil späten Blühdauer, als extrem bienenfreundlich. Besonders wertvoll sind Herbsthimbeer-Sorten, aber auch Schwarze Johannisbeere. Der Nektar der Stachelbeere gilt als sehr zuckerreich.

●●● **Begehrtes Naschobst: Himbeere und Johannisbeere**

Zu den klassischen, von Bienen geschätzten einjährigen Bauerngartenblumen zählen Aster, Kosmee, ungefüllt blühende Dahlien-Sorten, Jungfer im Grünen, Kapuzinerkresse, Klatschmohn, Kornblume, Mohn, Ringelblume, Sonnenblume, Wicke, Zinnie.

Seine abwechslungsreiche Bepflanzung macht den Wert des Bauerngartens aus

Gut zu wissen

Nicht nur Obstbäume und Beerensträucher, auch sehr viele Gemüsearten bringen erst nach einem Bienenbesuch Ertrag, man denke nur an Auberginen, Bohnen, Chilis, Erbsen, Gurken, Kürbis, Melone, Paprika, Tomate oder Zucchini. Ein guter Trick ist übrigens, für Bienen nicht unbedingt interessanten Gemüsepflanzen eine begehrte und lange blühende Bienenweide, wie zum Beispiel Duftsteinrich, Steinquendel, Thymian oder den Bienenmagneten Afrikanisches Basilikum, in die Nachbarschaft zu pflanzen oder einjährige Blühstreifen zwischen die Beete zu säen. Sind die Bienen erst einmal vor Ort, werden gleich alle Blüten besucht. Sonst kann es nämlich durchaus passieren, dass die erwarteten Bestäuber von ergiebigeren Pflanzen anderswo so fasziniert und so abgelenkt sind, dass die eher unergiebigen Blüten unserer Gemüsepflanzen übersehen werden. Viele davon werden wegen ihrer komplizierten Blütenform ohnehin eher von Hummeln oder Wildbienen bestäubt. Die Tomate ist eigentlich selbstfruchtbar, ihre Pollen sitzen aber sehr fest und werden hauptsächlich von Hummeln durch Vibration herausgeschüttelt. Es lohnt sich also, wenn wir unseren Gemüsegarten für Biene & Co und gleichzeitig auch für uns selbst zum Schlaraffenland machen.

Dauerblüher Duftsteinrich

Die Blüten von Tomaten sind für uns eher unscheinbar

Zweijährig sind Bartnelke, Goldlack, Königskerze, Kronen-Lichtnelke, Lupine, Marienglockenblume, Mutterkraut, Nachtviole, Stockmalve oder Vexiernelke. Mehrjährig sind viele Asternarten, Brennende Liebe, Chrysantheme, Goldfelberich, Goldmelisse, Lilie, Phlox, Schafgarbe, Sonnenbraut, Sonnenhut, Staudenwicke u. a., aber auch viele der für die unterschiedlichsten Zwecke angebauten Heil- und Würzkräuter (s. Kapitel Kräuter).

Holunder (*Sambucus nigra*)
Er stellt zwar einen im Bauerngarten unverzichtbaren Strauch dar und galt früher wegen seiner vielfältigen Heilkraft als „Apotheke des Einödbauern". Er ist jedoch selbstfruchtbar und produziert wenig Pollen und keinen Nektar, weshalb er in der Nähe eines Bienenstocks sinnlos ist. Die gekocht essbaren Beeren sind allerdings bei Vögeln und Kleintieren so begehrt, dass sie wie durch Magie vom Strauch verschwinden. *Sambucus racemosa*, auch Bergholunder, zeichnet sich durch besondere Frosthärte und Windunempfindlichkeit aus, daher auch für Höhenlagen geeignet. Blütezeit in Tallagen V, leuchtend rote Beeren, bis 3 m. Auch für kleine Gärten geeignet ist der attraktive Schwarze Holunder, *Sambucus nigra* 'Black Lace' mit geschlitztem dunkelrotem Laub und weiß-rosa Blüten. Alle Arten bevorzugen nährstoffreiche, nicht zu trockene und kalkarme Böden. Das Laub des Holunders ist ein ausgezeichneter Kompostaktivator.

Blüte des Schwarzen Holunders

Die vielseitig talentierte Ringelblume

… hat sich ein Loblied wahrlich verdient. Bienenweide, Heilpflanze, Augenfreude, Schnittblume und wichtige Bodenverbesserungspflanze, alles aus einem kleinen Säckchen Samen, den man im zeitigen Frühjahr unter Glas aussät, da die Ringelblume aufgrund ihrer Frostempfindlichkeit erst nach den Eisheiligen ins Freie gepflanzt werden kann. Sie wünscht sich einen nährstoffreichen, kalkhaltigen Boden. Werden die gelben oder orangen Blüten fortlaufend geerntet oder nach dem Abblühen regelmäßig ausgeputzt, blüht sie bis zum Frost. Staunässe vermeiden, auf zu schattigen oder zu trockenen Standorten ist sie mehltaugefährdet. Bei drohendem Befall mit Ackerschachtelhalmtee oder verdünnter Milch öfter besprühen.

Erwins „stichhaltige Beweise" – Warum Bio für Bienen so wichtig ist

Fakt ist, dass Pflanzenschutzmittel den natürlichen Kreislauf, den Alltag der Pflanzen, aber auch vieler an und für sich erwünschter Tiere sehr wesentlich beeinflussen. Insektizide, Pestizide, aber auch Stauch- und Beizmittel chemischer Art greifen massiv in den Stoffwechsel der Pflanze ein, nehmen Einfluss auf deren Geruch, Geschmack und Aroma, vielfach aber auch auf das Nervensystem nützlicher Insekten. Schließlich will man durch den Einsatz solcher Mittel „Lästlinge" jeder Art, die Krankheiten übertragen oder Pflanzen schädigen können, fernhalten. Betroffen sind dadurch wahllos alle, auch die für unsere Nahrungserzeugung eminent wichtigen blütenbestäubenden Insekten, die einer dauerhaften Gifteinwirkung ausgesetzt sind. Honigbienen fliegen nun einmal nicht nach Art von Maja und Willi sorglos durch die Welt, sondern bleiben einmal entdeckten Futterquellen treu, bis sie abgeerntet sind. ImkerInnen bezeichnen diese Eigenschaft als blütenstet. Besonders gefragt sind Massentrachten, die rationell abgeerntet werden können.

„Bio-Guru" Erwin Seidemann

Alex Würtenbergers „Bienenvilla" im hintersten Zillertal

Insbesondere Honigbienen nehmen daher bei jedem Besuch mehr und mehr für sie schädliche Substanzen auf. Bienenforscher nehmen an, dass Bienen durch den Kontakt mit nervenschädigenden Spritzmitteln ihren Orientierungssinn, aber auch den sehr spezifischen Geruch ihres Stockes verlieren und folglich von den Wächterbienen instinktmäßig verjagt werden, so sie überhaupt noch zurückfinden.

Ein System ohne Chemie setzt auf die natürlichen Abwehrkräfte, auf Bestäubung, auf Instinkte, sowohl von Pflanzen als auch tierischen Besuchern. Die eigene Sensorik der Pflanzen mit vielen natürlichen Abwehrkräften an sich spielt den Bienen in die Karten. Verzichten Sie, wenn möglich, auf chemische Pflanzenschutzmittel und Öle – die Natur bietet umweltverträgliche Pflanzenstärkungsmittel und Nützlinge, die helfen, Schädlinge in Schach zu halten. Pflanzen, die biologisch kultiviert und organisch gedüngt werden, sind für Bienen zwangsläufig attraktiver und werden bevorzugt. Bio bedeutet nicht „Schädlingszucht" im eigenen Garten, sondern sich der natürlichen Kreisläufe zu bedienen.

Weindlerhof in Tulfes/Tirol

BIENEN AUF BALKONIEN –
Balkon & Terrasse als Lebensraum für Mensch und Biene

Wer Blumen pflanzt, bekommt Bienen als Gäste.

Wer sich mit ihnen nie näher befasst hat, der wird womöglich nur zögernd auf den Vorschlag reagieren, Biene & Co. auf seinem Balkon einen Festtagsschmaus anzubieten oder zumindest ein etwas bienenfreundlicheres Ambiente zur Verfügung zu stellen, als dies bisher mit der monotonen Pelargonienbepflanzung der Fall war.

Schon eher ist man der Argumentation zugänglich, dass durch eine intensive Bepflanzung von Balkon oder Terrasse ein ökologisches Widerstandsnest inmitten einer seelenzerstörenden Glas- und Betonarchitektur geschaffen wird. Vor allzu eifrigem oder womöglich gar gefährlichem Bienenbesuch einer nektar- und pollenreichen Bepflanzung wegen muss man sich aber keineswegs ängstigen und auch kein Insektenschutzgitter anbringen. Die wirklich lästigen, blutsaugenden Insekten kommen erst im Schutz der Dunkelheit. Wäre die ganze Welt nach Bienenart ausgerichtet, wäre sie fraglos eine bessere und vor allem friedlichere. Die unseren bienenfreundlichen Balkon anfliegenden Gäste sind einzig und allein auf ihre Aufgabe konzentriert, so viele Vorräte wie nur möglich in den Bienenstock zu transportieren. Nach Sonnenuntergang, wenn der Balkon im Sommer am meisten benützt wird, sind sie längst in ihre Behausung zurückgekehrt, und nur wenn wir einen für sie verführerischen Blumenstrauß aufgestellt haben, verirrt sich im Ausnahmefall vielleicht einmal eine Biene untertags in unser Wohnzimmer.

Angesichts des eingeschränkten Raumangebots auf Terrasse oder Balkon ist ein gut durchdachtes saisonales Timing besonders wichtig, um nicht im Lauf des Sommers blütenarme Phasen oder im Gegensatz dazu Dschungelfeeling pur zu erleben, an dem auch vielleicht nicht so bienenfreundliche Nachbarn unfreiwillig Anteil haben. „Learning by doing“ bleibt einem nicht erspart, man kann es sich aber durch fachmännischen Rat erleichtern. Wenn man auch in erster Linie Bienen und anderen Bestäubern etwas Gutes tun möchte, so schließt das keineswegs aus, dass bei unserer künftigen Balkonbepflanzung nicht auch für uns ein bisschen Seelennahrung in Form von Farbe, Duft und Schönheit abfällt.

Pelargonien haben zwar eine erfreulich lange Blütezeit, aber Bienen nichts anzubieten

●●● ***Agapanthus* mit Hummel**

●●● **Enzianbaum**

Auch auf Terrasse und Balkon ist die Anpflanzung von sehr früh, aber auch noch sehr spät im Jahr blühenden Pflanzen extrem wichtig. Ein bisschen botanisches Wissen ist hilfreich, bestes Beispiel ist die „Erika", wie sie umgangssprachlich benannt wird. Bereits im Februar kann man beim Gärtner um wenig Geld blühende Schneeheide (*Erica carnea*) in Weiß, Rosa und Dunkelrosa erwerben und damit den Balkon für Hummeln und Bienen zum Blühen bringen. Sie wünscht sich einen kalkreichen Boden. Bei den im Herbst angebotenen *Calluna*-Arten sollte man nicht zur Knospenheide greifen, deren Blütenknospen sich nicht öffnen und daher keine Bienennahrung anbieten, sondern zur bienenfreundlich blühenden Besenheide (*Calluna vulgaris*). Dies gilt übrigens auch für die herbstliche Grabbepflanzung. Friedhöfe sind wichtige „Bienentankstellen", besonders für Stadtimker, und erfüllen so einen lebensbejahenden Zweck.

●●● ***Calluna vulgaris***

Gut zu wissen

Damit ein Balkon mit geringem Platzangebot den ganzen Sommer über bis in den Herbst hinein sowohl Bienen als auch uns Freude bereitet, sollte man vorzugsweise zu einjährigen, speziell für die Balkonkultur gezüchteten Pflanzen greifen. Fast alle mehrjährigen Stauden, von denen man im Garten gar nicht genug zur Freude von Bienen anpflanzen kann, sind nämlich zur Balkonbepflanzung ungeeignet. So ist die Blütezeit von mehrjährigen Stauden, im Vergleich zu den klassischen einjährigen Balkonblumen, durchweg kürzer. Meistens sind sie nach dem Abblühen auch eher unansehnlich, nehmen aber den ausdauernd blühenden Balkonblumen wertvollen Platz weg. Auf Terrassen, wo man mehr Möglichkeiten hat, kann man mit ihnen ein bisschen herumjonglieren und Abgeblühtes hinter gerade aufblühenden Pflanzen verstecken.

Aus dem Gärtnerglashaus kann man bereits im zeitigen Frühling erste Hyazinthen holen, die von Hummeln sehr geschätzt werden, auch Traubenhyazinthen sind begehrt. Eine extrem lange Blütezeit haben die Aschenblumen (*Pericallis* Senetti®) und der vom früh ausfliegenden Zitronenfalter gern besuchte Goldlack. Beide halten bis zu den Eisheiligen durch, die Mitte Mai den Startschuss zur sommerlichen Balkonbepflanzung geben. Bei späten Kälteeinbrüchen benötigen sie aber Frostschutz.

Pelargonien sind als Balkonblumen zwar altbewährt, liefern aber keine Bienennahrung, ausgenommen Wildpelargonien, die reichlich Besuch von Schwebfliegen erhalten. Wer auf sie trotzdem nicht verzichten möchte, pflanzt zur Gewissensberuhigung am besten den unermüdlich blühenden Duftsteinrich (*Lobularia maritima*), auch als Steinkraut bezeichnet, als Bienenleckerbissen dazwischen. Wer Blau liebt, kann mit Fächerblume (*Scaevola aemula*), Verbenen, dem Mehlsalbei (*Salvia farinacea*), den es in vielen Farbschattierungen gibt, Männertreu (*Lobelia erinus*), der stark duftenden Vanilleblume (*Heliotropium arborescens*) oder der hübschen Kapaster (*Felicia amelloides*) eine attraktive einjährige Gestaltung schaffen. Blau ist aus der Nähe schön und beruhigend, hat allerdings wenig Fernwirkung. Ein Highlight für Bienen ist eine Bepflanzung mit Bidens, dem Zweizahn, der mit weißen, gelben oder orangeroten Blüten erhältlich ist. Mit dem attraktiven Laub der Süßkartoffel (*Ipomoea batata*) kann man ihm mehr Struktur verleihen. Besonders die weißen Sorten verzeichnen einen regen Anflug, aber das trifft auf viele weiße Blumen zu, wie den „Weißer Willi" (*Euphorbia hypericifolia* 'Diamond Frost'). Er wird auch als Bienenschleierkraut oder Zauberschnee bezeichnet, ist überaus wüchsig und pflegeleicht, entwickelt aber im Lauf des Sommers zunehmend Platzbedarf. Bienenfreundlich gelb blüht die sonnenhungrige Dukatenblume (oder Goldtaler, *Asteriscus maritimus*), die frostfrei überwintert werden könnte. Einen preiswerten Balkonschmuck stellen ungefüllt blühende, niedrige Dahlien dar, die aus braunen Knollen Jahr für Jahr neu entstehen. Mit der rosa 'Rockin' Rosie' wurde eine spezielle „Balkon-Bienen-Dahlie" gezüchtet.

Was sich auf einem Balkon so alles treiben lässt

Wichtig ist vor allem, sein Platzangebot realistisch zu beurteilen. Am besten wäre es, die vorgesehenen Töpfe oder Kistchen bereits vor der Bepflanzung aufzustellen und Höhen, allenfalls auch Farben festzulegen, damit man nicht plötzlich mit Pflanzen dasteht, die miteinander nicht harmonieren. Kaufen Sie zum Befüllen keine Billigerde, sondern torffreie Bio-Erde, auch hier hat Qualität ihren Preis. Bei aller Bienenfreundlichkeit sollte man, je nach Größe von Balkon oder Terrasse, nicht auf die eine oder andere wintergrüne Dauerbepflanzung verzichten, mit der man den jahreszeitlich wechselnden Balkonblumen eine beständige Struktur verleihen kann. Beachtet man vor dem Kauf auch noch die Windanfälligkeit und die Dauer der Sonneneinstrahlung auf dem Balkon, kann nicht mehr viel schiefgehen. Grundsätzlich ließe sich sogar auf sehr schattigen Balkonen Bienenfreundliches anpflanzen, der Besuch wird aber eher auf Hummeln beschränkt sein, da Bienen Sonnenkinder sind.

Regelmäßiges Ausputzen erhöht bei *Bidens* die Blühfreudigkeit

Eine lange Blütezeit hat das anspruchslose Kapkörbchen (*Osteospermum*), das mit heißen Standorten zurechtkommt, während sich Knollenbegonien eher im Halbschatten wohlfühlen. Sie tragen zweierlei Blüten, gefüllte männliche und ungefüllte weibliche Blüten, die bienenfreundlich sind. Hübsche Effekte erzielt man mit der im leisesten Windhauch tanzenden Prachtkerze (*Gaura lindheimeri*), die reichlich Bienenbesuch erhält.

Zur nahen Betrachtung auf kleinen Balkonen eignet sich der Elfenspiegel (*Nemesia*), der ebenso wie der ihm ähnelnde Elfensporn (*Diascia*) in vielen Farben angeboten wird. Die den ganzen Sommer über mit kleinen weißen Blüten aufwartende hübsche Schneeflockenblume (*Sutera diffusus*, früher *Bacopa*) wächst gern hängend, während Tagetes, von denen man nur ungefüllte Sorten verwenden sollte, z. B. Tagetes tenuifolia, immer aufrecht stehen.

Den beschränkten Platz auf Balkon und Terrasse kann man durch Kletterpflanzen etwas erweitern, sie sollten nur nicht zu dominant sein. Eine Besonderheit wäre z. B. eine selbstfruchtende, mehrjährige Kiwi mit essbaren Früchten, wie *Actinidia arguta* 'Issai', aber auch mit Stangenbohnen kann man kahle Wände ganz einfach bienen- und gaumenfreundlich begrünen. Kapuzinerkresse kann kletternd oder hängend Verwendung finden (siehe Kapitel Kletterpflanzen).

Die Blüte des Aeoniums ist auch für winzige Balkone ein Highlight

Duftsteinrich blüht unermüdlich

Die üppig und lange blühende Fächerblume liefert nur wenig Bienennahrung

Knollenbegonien tragen auf dem gleichen Stock weibliche und männliche Blüten

Kübelpflanzen für Terrassen und Balkone

Einige unserer beliebten Kübelpflanzen werden ebenfalls gern von Insekten angeflogen. Die Afrikanische Schmucklilie (*Agapanthus africanus*) erhält vor allem Hummelbesuch. Das hübsche Wandelröschen (*Lantana camara*) und die Kap-Bleiwurz (*Plumbago auriculata*) ziehen Schmetterlinge unwiderstehlich an und blühen, so wie der Hibiskus (*Hibiscus rosa-sinensis*), den ganzen Sommer über. Alle möchten zwischen 5 und 10 Grad möglichst hell überwintert werden, der Hibiskus wünscht sich 12–15 Grad. Achtung auf Läusebefall. Die Gewürzrinde (*Cassia corymbosa*) mit goldgelben Blütenbüscheln eignet sich für extrem heiße Standorte, Senna didymobotrya, der Kerzenstrauch, trägt aufrechte Blüten, beide werden im Frühjahr etwas zurückgeschnitten. Eine Besonderheit stellt fraglos die den ganzen Sommer durchblühende Kräuselmyrte (*Lagerstroemia floribunda*) dar, die so wie Orange oder Zitrone mediterranes Feeling auf die Terrasse bringt. Die Schwarzäugige Susanne

••• Das Strauchbasilikum 'African Blue' ist eine wundervolle Bienenweide

••• Sitzgelegenheiten können problemlos von bienenfreundlichen Pflanzen umgeben werden

Immergrüne, schnittverträgliche Strukturpflanzen: Efeu, klein bleibende Schneeballarten (z. B. *Viburnum tinus*), Mahonie (*Mahonia aquifolia*), Spindelstrauch (*Euonymus*), Stechpalme (*Ilex aquifolium*), Zwergmispel* (*Cotoneaster dammeri* oder *Cotoneaster salicifolius*) u. a. Efeu, Spindelstrauch und Stechpalme können im fortgeschrittenen Alter blühen. *Die Zwergmispel wird wegen der Feuerbrandgefahr nicht überall verkauft.

••• Mahonie

Das Kapkörbchen (*Osteospermum*) gibt es in mehreren Farben

Wer im Trend sein will, bepflanzt bunte Blumenkästen

(*Thunbergia alata*), bekommt Hummelbesuch, extravagant wirkt Aeonium arborescens, das zur Blütezeit mit einem goldenen Blütenschirm aufwartet und problemlos an einem hellen Zimmerfenster überwintert.

Last but not least fühlen sich auf einem sonnigen Balkon auch viele Kräuter wohl, allen voran Basilikum in seinen vielen Varianten, das unbedingt vor Regen geschützt stehen sollte. Die in den letzten Jahren auf den Markt gekommenen Strauch-Basilikumsorten wie 'Magic' oder 'African Blue' sind während ihrer langen Blütezeit wahre Bienenmagneten, sollten aber unbedingt auch Regen abbekommen, da sonst Spinnmilbenbefall droht (für Balkonkultur geeignete Kräuter siehe Kapitel Kräuter).

Auch auf dem Balkon gilt, dass Bienen bio kaufen würden. Sollten Sie also die Wahl haben, pflanzen Sie bienenfreundlich. Für eine üppige und auch für unsere Augen erfreuliche Blütenpracht am Balkon ist die regelmäßige Versorgung mit abgestandenem Wasser und die regelmäßige Verwendung eines Biodüngers unumgänglich. Staunässe sollte vermieden werden.

Tipp: Den oft etwas kahlen Fuß z. B. einer getopften Kletterrose oder anderer Kletterpflanzen könnte man mit einer Nieswurz dauerhaft begrünen. Sie blüht von Jahr zu Jahr üppiger, Blütezeit III/IV, und ist auch abgeblüht lange dekorativ. Das wintergrüne Laub hält bis in den nächsten Winter hinein, wird erst im Frühling zur Blütezeit entfernt und wächst dann rasch wieder. Die hübsche Staudenwicke eignet sich ebenfalls, wird aber rund 100 cm hoch.

Thymianpolster kann man auf Terrassen aus den Fugen der Bodenplatten wachsen lassen

Auf Balkon und Terrasse sollte man immer mit abgestandenem Wasser gießen

Zunehmender Beliebtheit erfreuen sich auf Balkon und Terrasse auch die so bezeichneten Snack-Gemüsearten wie Chilis, Kirschtomaten, Minipaprika und -gurken usw., die von der Bienenfreundlichkeit ihrer Umgebung profitieren. Sie werden von den Bestäubern leichter entdeckt, was einen höheren Fruchtertrag garantiert.

Tomaten eignen sich perfekt als Balkongemüse

Da Lilienzwiebeln für Wühlmäuse eine Delikatesse darstellen, lässt man sie besser in einem großen Topf auf Balkon oder Terrasse wachsen

Alle Verbenen-Arten sind bienenfreundlich und ziehen auch Schmetterlinge an

DIE SACHE MIT DEN BIENEN AUF DEM DACH –
Dachgärtnerei und Dachimkerei

Mit Dachbegrünungen schafft man zwar nur kleine Ersatzlebensräume für Wildbiene & Co., aber wenn auch die durch unser menschliches Tun zerstörte Natur damit nur zu einem sehr geringen Teil kompensiert werden kann, es sind fraglos positive Ansätze und nicht nur nostalgische Erinnerungen an das für Insekten überlebenswichtige, einst ganz selbstverständliche Angebot an Lebensräumen aller Art. Es ist eminent wichtig, wieder mehr Natur in städtische Bereiche zurückzubringen und damit dem Artensterben auch hier entgegenzuwirken. Wer gar keinen oder nur einen kleinen Garten zur Verfügung hat, aber gern etwas für bestäubende Insekten tun möchte, für den mag es fraglos eine faszinierende Idee sein, das Dach, das vielleicht ohnehin einer Erneuerung bedarf, in eine Begegnungsstätte von Insekten der unterschiedlichsten Art umzugestalten und ihnen dort oben nicht nur einen reich gedeckten Tisch, sondern auch geeignete Niststrukturen und einen Unterschlupf anzubieten. Ganz so einfach ist die Sache aber nicht. Beschäftigt man sich mit dem Thema erst ein bisschen intensiver, stellt man bald fest, dass die meisten begrünten Dächer im Grunde genommen nicht viel mehr als zwar grüne, aber ziemlich einfallslose, einheitlich mit der anspruchslosesten aller *Sedum*-Arten, nämlich *Sedum acre*, dem Mauerpfeffer, bepflanzte Dachwüsten sind, die Bienen zwar während weniger Wochen im Juni und Juli Nahrung anbieten, aber keineswegs das, was sie zum Überleben genauso dringend benötigen, nämlich einen adäquaten Lebensraum. Begrünte Dächer werden weniger zur Bienenfreude, sondern vor allem deshalb forciert, da sie Regenwasser zurückhalten, als Staubfänger arbeiten und generell das Großstadtklima zu verbessern vermögen, wohl aber auch, um den Stadtmenschen durch ein wenig Grün die moderne Beton- und Glasarchitektur unserer Zeit erträglicher zu machen. Was den Bienen nützt, nützt bekanntlich auch dem Menschen, und so sollte man fraglos auch den Faktor der Bienenfreundlichkeit bei der Anlage eines begrünten Dachs berücksichtigen.

Gewaschener Kies ist als Nistplatz für Wildbienen ungeeignet, man könnte ihn aber mit kleinen Lehmflächen durchmischen, leere Schneckenhäuser wären ebenfalls eine gute Ergänzung

Städte ohne Grün sind Städte ohne Jahreszeiten.

(Nach dem Motto vom Tag des Baumes 2012)

Es gibt Hunderte von Hauswurzarten

Ein guter Tipp

In Anbetracht der prognostizierten Klimaerwärmung mit immer längeren Trockenperioden ist es sicher nicht verkehrt, für das begrünte Dach eine Bewässerungsmöglichkeit vorzusehen. Auch die größten Überlebenskünstler des Pflanzenreichs halten Hitzemonate ohne regelmäßigen Niederschlag nicht ohne Folgeschäden aus.

Bienen auf dem Dach?

In der ersten Euphorie sollte man nicht übersehen, dass alles, was zur Konstruktion benötigt wird, und das ist nicht wenig, mühsam auf das Dach geschleppt werden muss. Am allerwichtigsten ist aber fraglos der Aspekt der Sicherung vor einem Absturz. Stellt man zusätzlich einen Bienenstock auf das Dach, wie es jetzt auch im städtischen Bereich ab und zu erfolgt, ist dieser Punkt besonders zu beachten, da das Hantieren mit den Bienen einen gewissen Bewegungsraum erfordert. Die eigene Sicherheit muss auf alle Fälle vor dem Ehrgeiz stehen, möglichst viel Insektenbesuch zu erhalten. Behördliche Vorschriften gilt es übrigens auch rechtzeitig zu studieren. Last but not least ist bei einer Dachbegrünung auch die Haftungsfrage durch die Hausversicherung zu regeln. In einigen Städten wird die Errichtung von begrünten Dächern übrigens gefördert.

Alex Würtenberger hält Bienen auf seinem Garagendach

Hat man eines Tages dann mit dem Gedanken ausgespielt und möchte der Sache ernsthaft nähertreten, so besorgt man sich am besten, wenn man das nicht längst getan hat, zuerst einmal einschlägige Fachliteratur, die Konstruktion eines solchen Dachs betreffend. Noch besser bespricht man seinen Plan mit einem Profi, für alles gibt es routinierte Fachleute. Fehler sind schnell gemacht und der Ärger über ein undichtes Dach kann groß sein. Ein guter Rat ist sicher, die Bienenliebe auf dem Dach zuerst einmal in kleinem Maßstab zu testen, es muss ja nicht gleich das Hausdach sein, das umgekrempelt wird. Als kleinstes Versuchsobjekt bietet sich das Insektenhotel an, das Dach der Mülltonnenbox,

Ackerhummel mit Schmetterling auf Oregano

Pflanzen, die am Dach bestehen wollen, müssen mit extremen Klimaeinflüssen umgehen können

des Fahrrad-Unterstandes, des Kinderspielhauses oder des Carports, allenfalls auch der Garage.

Bei der Planung der Bepflanzung, die sich im Lauf der Jahre auf natürliche Art und Weise ergänzt und verändert, muss man unbedingt auf die Windanfälligkeit generell und die häufigste zu erwartende Windrichtung Bedacht nehmen. Extrem wichtig ist auch die Dachneigung: Je steiler das Dach, umso schwieriger wird es, die Pflanzen bei Starkregen vor dem Abrutschen in die Dachrinne zu sichern. Angesichts der extremen Witterungsbedingungen, denen unsere künftigen Dachbewohner ausgesetzt sind, kommen nur Überlebenskünstler des Pflanzenreichs infrage, die Trockenheit und extreme Hitze ebenso ertragen wie Nässe und lange Frostperioden. Beachten muss man, ob das Dach nach der Begrünung zur Freude von Biene & Co. weitgehend sich selbst überlassen bleiben soll oder ob man es als eine Art Ersatzgarten ständig vor Augen haben möchte und ab und zu helfend und in extremen Trockenzeiten auch bewässernd eingreifen kann. Auf mit Sachkenntnis bepflanzten grünen Dachflächen entsteht in überraschend kurzer Zeit ein völlig neuer Lebensraum für Bewohner der unterschiedlichsten Art, ein Biotop, in dem die Natur sich selbst reguliert und mit dem man einen wichtigen Beitrag zum Überleben gefährdeter Arten leisten kann. Ganz wichtig sind artgerechte Unterschlupfe und Nistmöglichkeiten für Wildbienen aller Art, die in unserer übertechnisierten Welt kaum noch Lebensräume vorfinden. Ab und zu sollte man unbedingt nachkontrollieren, ob sich Samen von Bäumen angesiedelt haben, die umgehend entfernt werden müssen.

Stadtimkerei

... hat zunehmende Tendenz, bedarf aber genauer Überlegung. Benötigt man eine behördliche Bewilligung? Könnten sich Nachbarn durch allzu eifrigen Bienenbesuch auf ihren Balkonblumen womöglich gestört fühlen? Gibt es in vertretbarer Entfernung genügend Grünanlagen mit einem ausreichend großen Angebot an Blüten, z. B. Kastanienbäume, Linden usw.? Ist ein ausreichendes Trachtangebot vom Frühling bis in den Herbst gegeben? Gibt es in der Nähe bereits Konkurrenz? Ökologisch ausgerichtete Stadtgärtner schaffen mit zunehmender Tendenz außer bienenfreundlichen, reich blühenden Parkanlagen auch farbenfrohe Bienenweidestreifen entlang von Straßenzügen oder auf Verkehrsinseln. Die Bienenfreunde nehmen bewusst in Kauf, dass sich uneinsichtige Bürger womöglich über die „Blumenwiesen in der Stadt" beschweren, weil sie für unsere Augen nur eine gewisse Zeit lang attraktiv sind. Auch Friedhöfe können übrigens durch eine bienenfreundliche Bepflanzung eine lebensbejahende neue Aufgabe erfüllen. Bei ausreichendem Nahrungsangebot kann sich die Stadtimkerei durchaus lohnen. Der Honig ist nachweislich sogar weniger durch Umweltgifte belastet als in Gebieten mit industrialisierter Landwirtschaft.

Bienenfreundlicher Friedhof in England

Pflanzen für eine insektenfreundliche Dachbegrünung

Professionell gestaltete Dächer werden fast ausschließlich durch aufgespritzte Samenmischungen von *Sedum acre* begrünt, Individualität muss man sich zumeist selbst ausdenken. Unabhängig von der Konstruktion und dem beabsichtigten Pflegeaufwand stellen *Sedum*-Arten aller Art, von denen es unzählige mit jeweils sehr variierenden Blühzeiten und verschiedenen Laubfarben gibt, die Basis jeder Dachbepflanzung dar. Flächig ausgebreitet können sie das ganze Jahr über ein farbenprächtiges Bild ergeben. Besonders empfehlenswert *Sedum floriferum* 'Weihenstephaner Gold', VI–IX, *Sedum album* 'Coral Carpet', V–VI, die sogenannte Trippmadam, *Sedum reflexum*, VI–VII, oder die Felsen-Fetthenne, *Sedum rupestre*. Eine der schönsten niedrigen Sedum-Arten ist fraglos *Sedum spurium* 'Fuldaglut' mit einer riesigen Fülle intensiv rosa Blüten, VII–VIII. Das hohe Sedum ist am Dach oft zu windanfällig. Kombinieren kann man mit vielen anderen Flachwurzlern, wie der Dachwurz (Sempervivum tectorum), der Spinnwebhauswurz (*Sempervivum arachnoideum*) und anderen Hauswurzarten, dem Blutroten Storchschnabel (*Geranium sanguineum*), der *Gaura lindheimeri*, aber auch verschiedenen Thymianarten, z. B. Sand-Thymian (*Thymus serphyllum*), polsterbildenden Glockenblumen wie *Campanula portenschlagiana* und *Campanula rotundifolia*, der Gold-Wolfsmilch (*Euphorbia polychroma*), Woll-Ziest (*Stachys byzantina*), Wüsten-Goldaster (*Eriophyllum lanatum*), Oregano (*Origanum vulgare*), Kissen-Seifenkraut (*Saponaria ocymoides*), Berg-Steinkraut (*Alyssum montanum*), Heidenelke (*Dianthus deltoides*), Karthäuser-Nelke (*Dianthus carthusianorum*), der Schleifenblume (*Iberis sempervirens*), Hornklee (*Lotus cornicula-*

Auch die Dächer von Vogelhäusern, Hundehütten ... lassen sich begrünen

Praktische Dachbegrünungstipps von Erwin Seidemann

Auch die sogenannte Spontanvegetation kann viel zum Artenreichtum auf dem begrünten Dach beitragen, wenn sie nicht gleich wieder entfernt wird. Sie kann aber durchaus auch problematisch sein. Wird zwecks Dachbegrünung die praktische „Sprühbegrünung“ zum Einsatz gebracht, sollte man dafür keinesfalls die Blütezeit des Löwenzahns wählen, da sein Samen vom Wind bekanntlich munter auch auf das höchste Dach geweht wird. Er keimt dort wesentlich rascher als der aufgesprühte Samen und würde sich im vorbereiteten Substrat genussvoll breitmachen. Wird der aufgegangene Löwenzahn nicht sorgfältig (und arbeitsaufwendig) entfernt, können sich die von uns gewollten Pflanzen nicht durchsetzen und sie verkümmern. Durch den auf das Dach gewehten Staub kommt übrigens, ebenso wie aus der Luft, Stickstoff auf die Flächen. Er ist zwar Wachstumsmotor, aber auch ein ständiger Unkrautlieferant. Daher sollte, was vielfach übersehen wird, die Dachbepflanzung einmal jährlich mit Mineralstoffdünger wie Patentkali versorgt werden.

tus), Steinbrech (*Saxifraga* sp.), Herbst-Leimkraut (*Silene schafta*) oder mit dem extrem lange und bis in den späten Herbst hinein blühenden Steinquendel (*Calamintha nepeta*). In der Normandie bepflanzt man Dächer auch gern mit Schwertlilien (*Iris germanica*), deren giftige Wurzeln Mäuse abwehren. In England galt eine Hauswurz auf dem Dach als Blitzschutz.

Lebensräume auf dem Dach gestalten

Wer sich gemeinsam mit vielen Wildbienen an seinem begrünten Dach erfreuen möchte, sollte nach Möglichkeit keine einheitlich glatte Landschaft planen, sondern adäquate Lebensräume in Form kleiner Hügel und Senken modellieren. Dazu gehören auch naturnahe Stein- und Sandanhäufungen, in denen Wildbienen und Hummeln nisten können, dekorative größere Steine und Astwerk von Laubbäumen. Ebenso wichtig sind flache, mit Lehm oder Teichfolie ausgekleidete Bienentränken.

Gut zu wissen

Beginnend mit den statischen Voraussetzungen türmen sich nun viele Fragen auf, wobei das Gewichtsproblem sicherlich am gravierendsten ist. Je nach Art der geplanten Bepflanzung unterscheidet man zwischen extensiv begrünten Dächern mit einer Bodenauflage von ca. 8 cm und intensiv begrünten Dächern mit rund 15 bis 30 cm Bodenaufbau, auf denen sogar Gemüse angebaut werden könnte. Die unzähligen *Sedum*-Arten sind übrigens besonders bescheiden. Je dünner die Erdauflage ist, umso rascher trocknet sie aus. Soll die Bepflanzung artenreich ausfallen, hat die dafür nötige Auflage mit jedem Zentimeter, vor allem im durchnässten Zustand, wesentlich mehr Gewicht. Eine ökologisch stimmige Besiedlung setzt Steine, Kies und vielleicht auch einige integrierte Totholzstücke, die bald von Moos überwachsen werden, als Strukturelemente voraus. Ist das Dach so groß, dass es zwecks Bearbeitung begangen werden muss, womöglich zusätzlich noch durch Helfer, die einem zur Seite stehen, dann muss der Unterbau stabil sein. Nicht übersehen darf man auch das Gewicht der verschiedenen Folien, die für eine professionelle Konstruktion erforderlich sind, ebenso die Tatsache, dass in schneereichen Gegenden das Gewicht des Schneedrucks dazukommt und eine Schneeräumung von einem begrünten Dach nur mit großer Vorsicht erfolgen kann. Bei der Planung sollte man auch die Möglichkeit einer solartechnischen Dachnutzung nicht außer Acht lassen.

Beth Chatto Garden, England

BIOTOP BIENENGARTEN –

Der Weg zum natürlichen Gärtnern

Immer mehr Menschen kommen endlich zur Einsicht, dass Naturschutz nicht nur in Naturschutzgebieten stattfinden sollte, und möchten diesen Gedanken auch in dem ihrer Obhut anvertrauten grünen Bereich ausleben. Dass ein Garten zunehmend bienenfreundlicher wird, wenn man der Natur wieder mehr Raum gibt, das passiert ganz von selbst. Im Grunde genommen besteht eigentlich jeder einigermaßen naturfreundlich gestaltete Garten aus mehreren Biotopen der unterschiedlichsten Art, und jedes davon sollte man so gestalten, dass nicht nur Bienen, sondern auch möglichst viele andere Tierarten hier wieder einen ihren Bedürfnissen entsprechenden Lebensraum finden.

Ein kleiner Innenhof wurde hier zum Paradies für Mensch und Biene (Arley Hall, England)

Was gegen die Natur ist, hat auf Dauer keinen Bestand.

(Charles Darwin)

Bäume, Sträucher, Hecken, Blumenbeete, eine Natursteinmauer, an der Hausmauer emporrankender Wilder Wein oder Efeu, sogar der gekieste Parkplatz vor dem Haus, sie alle stellen, jedes für sich, ein größeres oder kleineres Biotop dar. Bienenfreundlich sind sie allerdings nur, wenn keine chemischen Keulen zum Einsatz kommen. Denn „Bio" bedeutet Leben, und Topos bedeutet Ort, folglich ist ein Biotop, vereinfacht gesagt, ein räumlich begrenzter Lebensraum für genau diesem Standort angepasste Organismen der unterschiedlichsten Art. Ein Gartenteich, für viele der Inbegriff eines Biotops, stellt nur eine von vielen möglichen Formen dar. Natürlich wären möglichst großformatige Biotope wichtig und richtig, aber wenn einem nicht viel Platz zur Verfügung steht, kann man auch auf sehr wenig Raum die unterschiedlichsten Begegnungsstätten schaffen und damit den Artenschutz effektvoll unterstützen.

Unkundigen Besuchern mag so ein Biotop, in dem vieles wachsen darf, wie es will, auf den ersten Blick vielleicht etwas „ungepflegt" erscheinen, ist unser Auge doch an makellose Rasenflächen, beschnittene, eintönige Hecken und streng eingefasste, womöglich in Reih und Glied stehende Blumenrabatten gewöhnt. Aber wenn wir, so lange wir dazu überhaupt noch die Chance haben, wieder singende Vögel, summende Bienen und im Garten herumflatternde Schmetterlinge haben möchten, dann müssen wir die Regeln der Natur wieder vermehrt achten und da und dort auch das berühmte

Am wichtigsten für eine erfolgreiche Biotop-Gärtnerei

… ist die Berücksichtigung der örtlichen Bodenverhältnisse und der klimatischen Gegebenheiten, vor allem aber auch der Intensität und Dauer der täglichen Sonneneinstrahlung. Je nach Höhenlage können diese Faktoren sehr unterschiedlich sein. Wählt man dann auch noch sorgfältig die von der Natur und nicht vom Wunschdenken für diesen und jenen Standort vorgesehenen Pflanzen aus, dann kann sogar der unfruchtbarste und steinigste Boden ein blühendes Paradies für Mensch und Tier hervorbringen.

Sedum 'Summer Glory'

„wilde Eck" zulassen. Aller Anfang ist bekanntlich schwer und die routinierte Gärtnerhand wird automatisch noch lange nach der einen oder anderen Pflanze greifen, die früher als verpöntes Unkraut sofort entfernt wurde. Aber schon bald wird man feststellen, wie die Natur deutlich spürbar zurückkehrt und dass man nicht zweimal in den gleichen Garten geht, weil er sich von Tag zu Tag im positiven Sinn verändert.

Der Scheinsonnenhut (*Echinacea*) zählt zu den großen sommerlichen Attraktionen für Bienen, Hummeln und Schmetterlinge

Zu einem Biotop gehört unbedingt eine Sitzgelegenheit, von der aus man das Geschehen entspannt beobachten kann

Hier wurde mit einfachen Mitteln eine Begegnungsstätte für viele Tierarten geschaffen

Wichtige Biotopformen:

Klimawandelgärten auf extrem trockenen, ganztägig der Sonne ausgesetzten Standorten oder Kiesgärten: Alant, Argentinisches Eisenkraut, Becherpflanze, Blauraute, Distelarten, *Echinacea*, Fackellilie, Goldrute, Katzenminze, Königskerze, Kompasspflanze, Nachtkerze, *Rudbeckia missouriensis*, Schafgarbe, Schein-Alant, Schwertlilie, *Sedum*, Sonnenhut, Sonnenbraut, Spornblume, Staudensonnenblume, Steinquendel, Wolfsmilcharten, Wüsten-Goldaster, Wegwarte, Wiesenflockenblume, Wucherblume, Ziest. Kräuter wie Lavendel, Oregano, Salbei, Thymian und Ysop.

Teichrand, Sumpfgarten: Angelika, Blutweiderich, Dreimasterblume, Goldfelberich, Kaschmirdolde, *Ligularia*, Mädesüß, Minze, Sumpf-Schwertlilie, Sumpf-Vergissmeinnicht, Wasserdost, Wiesenknöterich, im Teich Seerose.

Bepflanzte Natursteinmauer: Alpenaster, Chinesische Bleiwurz, Blaukissen, Felsenblümchen, Hornkraut, Lavendel, Mittagsblume, Polsternelken, Polsterphlox, Salbei, *Sedum*, Seifenkraut, Schleifenblume, Spornblume, Steinkraut, Steinquendel, Thymian, Walzenwolfsmilch.

Heidegarten mit sandig-lockerem, leicht saurem Boden und ganztägiger Sonnenbestrahlung: Besenginster (*Cytisus scoparius*), Besenheide (*Calluna vulgaris*), Büschelrose, *Erica × darleyensis*, Kartäusernelke, Rote Teppichbeere (*Gaultheria procumbens*), Silberkerzenstrauch, Wildrosen.

Bienen- und Schmetterlingsbiotop: Alant, Asternarten, Baldrian, Blutweiderich, Distel, Duftnessel, Dost, Ehrenpreis, Glockenblume, Hornklee, Katzenminze, Königskerze, Malve, Muskatellersalbei, Nachtviole, Natternkopf, Phlox, Sedum, Seifenkraut, Skabiose, Sonnenhut, Spornblume, Taubnessel, Wasserdost, Wegwarte, Weidenröschen, Wiesenflockenblume, Wiesenknopf, Witwenblume.

Den Biotop-Formen „Begrüntes Dach“ und „Blumenwiese“ haben wir eigene Kapitel gewidmet.
Alle Pflanzenbeschreibungen siehe Kapitel Bienen-Hotspots, zur genauen Definition wurde in einigen Fällen die botanische Bezeichnung angefügt.

Ein abwechslungsreich gestalteter Kiesgarten
© Gerda Walton

Der Blutweiderich benötigt einen feuchten Standort
© Gerda Walton

Auch Steingärten sind Biotope für genügsame Bewohner
© Gerda Walton

Der Garten von Karl Förster in Potsdam
© Gerda Walton

Säckelblume

NEUES FÜR DEN KLIMAWANDEL –

Gäste aus aller Herren Länder

Dass sich unser Klima ändert, ist mittlerweile sicher, und wir Menschen, die wir zum Glück zu den weitgehend anpassungsfähigen Arten dieser Erde zählen, werden damit irgendwie zurechtkommen müssen. Problematisch wird es aber nicht nur um unsere, sondern wohl auch um die Zukunft zahlloser, für uns wichtiger Insekten bestellt sein, darunter auch der Honigbiene. Mit vielen anderen Prozessen in der Natur, die sich im Lauf der Evolution gemeinsam entwickelt haben, gerät mit dem Klimawandel auch die Symbiose von Insekten und Pflanzen aus dem Gleichgewicht. Die steigenden Temperaturen lassen nämlich viele bestäubende Insekten nach dem Winter wieder früher aktiv werden. So sollen die häufigsten in Europa vorkommenden Hummelarten bereits rund drei Wochen früher als noch vor zehn Jahren in Erscheinung treten. Sie verfügen aber, im Gegensatz zu den Honigbienen, über keine Nahrungsreserven, mit denen sie späte Kälteeinbrüche überbrücken könnten, und überleben, wenn sie nicht ausreichend blühende Trachtpflanzen vorfinden, nur wenige Tage. Bei den Honigbienen wiederum besteht die Gefahr, dass sie angesichts immer milder werdender Winter die sogenannte Wintertraube, in der sie eng zusammengedrängt die kalte Jahreszeit überstehen, viel zu früh verlassen, wenn ihr Biorhythmus, die feine Abstimmung zwischen ihrer inneren Uhr und dem Blühbeginn der ersten Trachtpflanzen, in Unordnung gerät. Auch die zunehmenden Phasen extremer Trockenheit sind besorgniserregend für Mensch und Tier.

Der eine wartet, dass die Zeit sich wandelt, der andre packt sie kräftig an und handelt.

Dante

Eine Klimagewinnerin ist die Wespenspinne, die ihre Eier in kleinen Tönnchen gern unter Phlox und Aster versteckt

Garten- und Bienenliebhabern eröffnet die Klimaerwärmung ganz neue Möglichkeiten für die bienenfreundliche Gestaltung unserer grünen Bereiche – sei es Garten, Terrasse oder Balkon. Man nennt das wohl: aus der Not eine Tugend machen. Einige dieser einst nur aus dem Süden bekannten Gewächse überstehen bereits jetzt, zumindest an besonders warmen und geschützten Standorten, unsere Winter ganz gut und innovativen Bienenfreaks bieten sich interessante Alternativen. Einige davon, wie der Bienenbaum, die in einem herrlichen Blau blühende Säckelblume oder die Zistrose, erweisen sich, etwas gärtnerisches Fingerspitzengefühl vorausgesetzt, sogar als wahre Bienen-Hotspots, wie sie ihresgleichen suchen.

Bienenwunder Bienenbaum

(*Tetradium daniellii* var. *hupehensis*, auch *Euodia hupehensis*), auch als Samthaarige Stinkesche, Duftesche, Honigbaum oder Tausendblütenstrauch bezeichnet. Ambitionierte Bienenfreunde pflanzen den aus Fernost stammenden, sommergrünen Großstrauch oder Baum, der ungefähr das Format eines Apfelbaums erreichen kann, vor allem der späten Blütezeit VII–VIII wegen. Aus großen Schirmrispen blühen zuerst die männlichen, weißlich grünen Blüten nach und nach auf. Sie sind extrem nektar- und pollenreich und verströmen ihren Duft im ganzen Garten. Nach einer kurzen Blühpause erscheinen die weiblichen Blüten, die gleich hohe Nektar- und Pollenwerte haben. Wenn der Baum zur Freude vieler Gartenvögel im Herbst rote, ölhaltige Fruchtstände tragen soll, wird die Pflanzung eines zweiten Baums auf einer etwas kühleren Stelle des Gartens empfohlen, damit sich die Blütezeit überschneidet. Die Blütenfülle verdoppelt sich von Jahr zu Jahr. Der Baum beginnt ca. ab dem 5. Jahr zu blühen und benötigt einen warmen, sonnigen Standort, für Höhenlagen ist er ungeeignet, sonst anspruchslos. Junge Pflanzen vor tiefem Frost durch ein Vlies schützen, Erde um den Wurzelbereich herum mit einer dicken Laubschicht und Zweigen abdecken. Später ist der Bienenbaum bis –15 Grad winterhart. Die Blätter sind nicht wohlriechend, daher die Bezeichnung Stinkesche. Nahrhafter, neutraler Boden, als Tiefwurzler erreicht er bald tiefere Schichten und übersteht, einmal eingewurzelt, auch Trockenzeiten. Im Herbst grüngelbe Laubfärbung. Höhe 8–12 m. Durch entsprechende Schnittmaßnahmen kann der Bienenbaum auch als Großstrauch gezogen werden; durch zu starken Schnitt bleibt die Blüte allerdings im Folgejahr aus. In den ersten Standjahren gegen Nacktschnecken schützen!

Blüten des Bienenbaums

Bienenbaum-Früchte

Nur die Spitze des Eisbergs

Das von vielen immer noch bagatellisierte oder gar ignorierte Insektensterben stellt fraglos nur ein kleines Segment des sich Tag für Tag auf unserer Erde ereignenden globalen Artenschwunds dar. Dass zahlreiche Ökosysteme des Tier- und Pflanzenreichs rund um den Globus mit zunehmender Tendenz irreparabel instabiler werden, fällt wohl einigen auf, aber viel zu wenige sind gewillt, diese Tatsache anzuerkennen und sich gegen die unser aller Existenz bedrohende Entwicklung zu stemmen. Wenn unsere Bemühungen greifen sollen, darf Artenschutz aber kein Hobby einiger weniger sein, sondern sollte bereits Kindern ans Herz gelegt werden.

Buschklee

Buschklee (*Lespedeza thunbergii*)
Pflegeleichter, herbstblühender Strauch aus Ostasien mit kleeartigem Laub, purpurrosa, in langen Trauben hängende Schmetterlingsblüten VIII–X, Festmahl für Bienen und andere Insekten. Höhe bis ca. 1,5 m. Die eleganten Triebe können aufgebunden werden oder malerisch von Mauerkronen herabhängen. Im Frühjahr auf ca. 50 cm zurückschneiden, im Herbst Laub als Bodenschutz rund um die Pflanze verteilen. Als Kübelpflanze frostfrei überwintern.

Chinesische Winterblüte (*Chimonanthus praecox*)
Sommergrüner, aufrechter Strauch, 2–4 m, Blüten vor dem Laubaustrieb II–III, gelbe, stark duftende Blütensterne mit purpurfarbener Mitte. Wärmeliebend, stadtfest, Sonne–Halbschatten, nährstoffreicher, durchlässiger Gartenboden, in der Jugend leichter Winterschutz empfohlen. Rückschnitt bei Bedarf möglich, geringer Wasserbedarf.

Chinesische Winterblüte

China-Losbaum

Duftende Fleischbeere

Früchte des Erdbeerbaums

Frühlingsduftblüte

China-Losbaum (*Clerodendrum bungei*)
Bis 2 m hoher, sommergrüner Strauch, VII–IX wunderbar duftende, hortensienartige Blütenteller, dekorativer Fruchtschmuck. Kann in kalten Wintern zurückfrieren, treibt aber im Frühjahr wieder aus. Nährstoffreicher Boden, Halbschatten, auch für Kübel geeignet.

Duftende Fleischbeere (*Sarcococca humilis*)
'Winter Gem' zeigt extrem frühe, stark duftende Blüten II–III, zuerst weiß, später rosa, dunkle Früchte. Immergrün, dichter buschiger Wuchs, Sonne bis Schatten, leicht saurer Boden, nur 80 cm Höhe, auch als Kübelpflanze geeignet. Leichter Winterschutz empfohlen.

Erdbeerbaum (*Arbutus unedo*)
Derzeit noch eine Rarität in unseren Gärten, aber im Kommen! Im Herbst kleine weiße oder rosa Glockenblüten in kurzen Rispen, Blüten und Früchte hängen gleichzeitig am Zweig. Eine der letzten Bienenweiden des Jahres! Bei älteren Exemplaren ist die braune, sich abschälende Rinde besonders attraktiv, Blätter ähneln denen des Lorbeers. Kirschgroße Früchte frühestens im 5. Standjahr, färben sich langsam von Grün nach Rot. Nur für sonnigen, extrem warmen Standort, z. B. einer schützenden Hauswand, mit Vliesabdeckung und dicker Laubschicht rund um die Pflanzstelle bis ca. -8 Grad winterhart, erst zumindest fünf Jahre alte Exemplare frei auspflanzen. Humusreicher, kalkarmer, durchlässiger Boden mit Sandanteil. Attraktive Besonderheit für Terrassen, bei Kübelpflanzung auf gute Drainage achten, nur mit kalkfreiem Wasser gießen und mäßig düngen. Bei sperrigem Wuchs zum Winterende hin entspitzen, dadurch bessere Verzweigung.

Frühlingsduftblüte (*Osmanthus burkwoodii*)
Herrlich duftende, schneeweiße Blüten, bienenreicher Auftritt IV–V. Aufrechter, ausbreitender Wuchs, bis 3 m. Glänzendes, immergrünes, an Lorbeer erinnerndes Laub. Standort sonnig bis halbsonnig, normaler Gartenboden, aber nur für extrem warme und geschützte Gartenbereiche empfohlen, sonst besser als Kübelpflanze. Im Winter wenig Sonne, da Brandflecken auf dem Laub möglich. Kübelpflanze während

Gewürzstrauch

Kamm-Minze

Lederhülsenbaum

der kältesten Zeit an schützende Hausmauer rücken, mit Vlies abdecken. Während frostfreier Perioden ab und zu gießen, schnittverträglich, treibt aus dem alten Holz wieder aus. In China wird die Duftblüte seit Jahrtausenden verehrt, daher gut für fernöstlich inspirierte Gärten geeignet.

Gewürzstrauch (*Calycanthus floridus*)
Für nicht zu kleine Gärten ein ausgesprochenes Highlight, Blüte V–VI, höchst ungewöhnliche, braunrote Blüten, die allerdings, wie im Herkunftsland USA, von Käfern bestäubt werden. Aber die freuen sich auch über Nahrung. Dekoratives, glänzendes Laub. Wird 2 bis 3 m hoch, breit ausladend, in allen Pflanzenteilen nach Nelken duftend. Junge Pflanzen benötigen etwas Winterschutz, später an geschützten Stellen frosthart, bei sehr tiefen Temperaturen kurzfristig mit Vlies schützen. Sonnig bis halbsonnig. Keine exponierte Südhanglage, normaler, nahrhafter und lockerer Gartenboden, sollte nie stark austrocknen, auch für Kübelkultur geeignet. Die Pflanze ist giftig. Allfälliger Schnitt im zeitigen Frühjahr, aber möglichst nur abgestorbene Triebe entfernen, da sonst die Blütenbildung beeinträchtigt wird. Vermehrung durch Samen möglich.

Kamm-Minze (*Elsholtzia*)
Verholzender Kleinstrauch für warme, sonnige Lagen und nährstoffreiche, kalkarme Böden. Üppige, duftende, rosaviolette Blüten IX–X, von Bienen, Hummeln und Schmetterlingen eifrig besucht. Die oberen Pflanzenteile sterben im Winter ab, Ende April leichter Rückschnitt, danach erfolgt neuer Austrieb. Blätter färben sich im Herbst rot. Wurzelbereich im Spätherbst anhäufeln.

Lederhülsenbaum (*Gleditsia triacanthos*)
Stammt aus Nordamerika, Wuchshöhe bis 20 m, lichte Krone. Großstrauch, 7 bis 10 m. Am ganzen Stamm bilden sich starke Dornen, die Wildverbiss verhindern. Winterhart, trockenheitsverträglich und sehr widerstandsfähig, als Flachwurzler aber windanfällig. Die Züchtung 'Elegantissima' ist unbedornt, mit einem dichten und breiten Säulenwuchs. Hellgrünes Laub mit prachtvoller gelber

Japanischer Papierbusch

Judasbaum

Herbstfärbung. Traubenartige, gelbgrüne und stark duftende Blüten, hervorragende späte Bienenweide VI–VII, besonders nahrhafte Pollen. Auch bei Schmetterlingen sehr beliebt. Bis zu 30 cm lange, attraktive spiralige Samenschoten.

Japanischer Papierbusch (*Edgeworthia chrysantha*)
Blüht bereits II–III mit extrem stark duftenden gelblichen Blütenbällen. Stämmiger Kleinstrauch bis 150 cm, etwas geschützter, sonniger, aber nicht zu stark austrocknender Standort, humoser, leicht saurer Boden, im Container Rhododendronerde. Vor dem Winterbeginn dicke Mulchschicht im Wurzelbereich. Rarität!

Judasbaum (*Cercis siliquastrum*)
Ein durch seine Stammblütigkeit absolut faszinierender Baum für große bis kleine Gärten, einige Züchtungen eignen sich sogar zur Pflanzung in tiefe Kübel. Weiße oder intensiv rosa Schmetterlingsblüten treiben III–IV in Büscheln direkt aus dem alten oder zweijährigen Holz von Ästen und Stamm. Nektarwert hoch, Pollen mäßig, III–IV. Herzförmige Blätter, erscheinen erst nach der Blüte, nach dem intensiven Bienenbesuch entwickeln sich braune, leicht giftige Fruchthülsen. Das sommergrüne Laub verfärbt sich im Herbst goldgelb bis orangerot. Der **Kanadische Judasbaum** (*Cercis canadensis*) kann Höhen bis 8 m erreichen, wächst langsam. Mit 'Lavender Twist' gibt es jetzt auch eine malerische hängende Form, 3 bis 4 m. Warmer, windgeschützter Standort in Sonne bis Halbschatten, Staunässe wird nicht vertragen, dagegen Hitze und gelegentliche Trockenperioden. Tiefwurzler, durchlässiger, eher kalkhaltiger und nicht extrem nährstoffreicher Boden. Bei jungen Bäumen in den ersten Jahren Winterschutz, später winterhart, für Höhenlage ungeeignet. 'Forest Pansy' zeigt rötliches Laub und wird mit bis zu 8 m Höhe etwas größer als der Gewöhnliche Judasbaum. Es gibt aber auch kleinere und gelblaubige Züchtungen. Langsam wachsend ist der **Chinesische Judasbaum**, *Cercis chinensis*, erst nach Jahren 2–3 m, zur Terrassenbegrünung geeignet sind z. B. die Züchtungen 'Avondale' oder 'Don Egolf' mit eher strauchartigem Wuchs. Nur Frühjahrspflanzung, mit einer dicken Laubschicht mulchen.

Kamelie

Vögel lieben die Früchte des Liebesperlenstrauchs

Mandelblüte

Kamelie (*Camellia japonica*)
Viele Züchtungen sind bis ca. -20 Grad winterhart und benötigen, richtig gepflanzt, keinen Winterschutz. Unbedingt saurer, nie völlig austrocknender Boden, Mulchschicht aus Fichtennadeln günstig. Halbschattiger Standort, keine pralle Winter- oder Frühlingssonne auf dem immergrünen Laub, windgeschützt. Im Frühjahr Rhododendrondünger. Wenn die Knospen Ende III bereits an Umfang deutlich zunehmen und starke Spätfröste auftreten, stellt man am besten kurzfristig eine Art Indianerzelt über die Pflanze, da die Blüten sonst geschädigt werden. Blütezeit IV–V. Hält man Kamelien getopft auf der Terrasse, versenkt man das Pflanzgefäß im Spätherbst am besten in einen größeren, mit saurer Erde gefüllten Container, im Topf würden sie vertrocknen. Die frostfreie Überwinterung gelingt nur in einem hellen kühlen Raum.

Liebesperlenstrauch (*Callicarpa bodinieri*)
Die Attraktion des bis -20 Grad winterharten kleinen Strauchs, auch Schönfrucht genannt, sind die kräftig lilafarbenen, glänzenden Beeren. Der sicheren Befruchtung wegen am besten gleich zwei Exemplare pflanzen, zur Liebe braucht es bekanntlich immer zwei. Geschützter, halbsonniger Standort, nahrhafter Boden, 2 bis 3 m. Um den Nachwuchs von Blütenzweigen zu fördern, lichtet man ältere Zweige im Spätwinter etwas aus. Blüten und Früchte am zweijährigen Holz, also nicht zu viel schneiden. Mit den dabei anfallenden Kopfstecklingen lässt sich der Strauch vermehren. Zahlreiche Vogelarten naschen gern von den Liebesperlen, für Menschen giftig. Mit etwas Frostschutz auch für Kübelkultur geeignet.

Mandel (*Prunus dulcis*)
wird seit einigen Jahren im Weinbauklima angebaut, kleine Bäume, weiße bis rosa Blüten III, essbare Mandelkerne, nur für geschützte Lagen. Schön, aber spätfrostgefährdet. Meistens selbstfruchtend, auch Pfirsich und Nektarine sind als Bestäuber geeignet.

Perlschweif

Säckelblume

Sieben-Söhne-des-Himmels-Strauch

Buddleja davidii

Perlschweif (*Stachyurus chinensis*)
Solitärstrauch mit extrem frühen, grünlich gelben, in langen Trauben hängenden Blütenglöckchen, II–IV, bis 4 m, gelegentlicher Rückschnitt nach der Blüte, schöne Herbstverfärbung, kalkarmer Boden. Etwas Winterschutz im Wurzelbereich aus Mulch und Zweigen empfohlen. Mehrere Züchtungen, z. B. 'Celina'.

Säckelblume (*Ceanothus delilianus*)
'Gloire de Versailles'. Wer sie in England gesehen hat, wird das blaue Blütenwunder unbedingt haben wollen, aber noch hält man sie besser als Kübelpflanze, außer man hat ihr einen extrem geschützten, vollsonnigen Innenhof oder dergleichen anzubieten. Als Flachwurzler bevorzugt sie gut durchlässige, eher sandige und etwas kalkhaltige Böden, ausschließlich Frühjahrspflanzung. Die rund 150 cm hoch werdende, gern etwas ausladende und wintergrüne Säckelblume blüht VI–VII an diesjährigen Trieben, leichter Rückschnitt im Frühjahr kein Problem. Zur Blütezeit wird sie von Bienen so gestürmt, dass man deren Summen bereits auf einige Entfernung hört. Frei ausgepflanzt sollte man den Wurzelbereich im Spätherbst unbedingt mit einer Mulchschicht versorgen und für kurzzeitige Extremfröste eine Abdeckung bereithalten.

Sieben-Söhne-des-Himmels-Strauch (*Heptacodium miconoides*)
Derzeit noch ein Geheimtipp unter den Ziergehölzen. Aus Fernost stammend, wird dieses nektarreiche „Bienenschmankerl" nun auch in Europa kultiviert. Seine Besonderheit ist die wertvolle späte Blütezeit. Weiße, duftende Blüten, dunkelgrünes Laub, Vorblüte VI, Hauptblüte VII–X, rötliche Fruchtdolden, 2–4 m, leicht überhängend. Leichter Winterschutz im Wurzelbereich empfohlen, früher Neuaustrieb, Gartenboden.

Schmetterlingsstrauch (*Buddleja weyeriana*)
'Sungold'. Im Gegensatz zu *Buddleja davidii* oder *Buddleja alternifolia* nur für sehr warme Standorte geeignet, benötigt im Wurzelbereich Winterschutz aus Laub und Rindenmulch. Nektarreiche, goldgelbe Blüten VII–X am einjährigen Holz, Dauerblüher, Verblühtes rasch entfernen, Magnet für Bienen und Schmetterlinge. Im Frühjahr auf ca. 50 cm zurückschneiden.

●●● **Blüten der Schmalblättrige Ölweide**

●●● **Zaubernuss**

●●● **Zistrose**

Schmalblättrige Ölweide
(*Elaeagnus angustifolia*)
Robuster Großstrauch für naturnahe, größere Gärten mit silbrig grünem Laub, leicht bedornt. Duftende Blüten in leuchtendem Gelb mit weißer Außenseite, Blütezeit V–VII, essbare Früchte, späte Insektenweide. Sehr hitzeverträglich, Trockenperioden werden gut überstanden, keine Staunässe, bestens für stark sonnige Hanglagen. Anspruchslos in Bezug auf Bodenqualität, winterhart, salzverträglich. Bietet im Sommer guten Sichtschutz. Ausladend, bis 8 m Höhe, verträgt herbstlichen Rückschnitt.

Zaubernuss (*Hamamelis*)
In warmen Wintern erscheinen die ersten gelben, orangen oder rötlichen, in Quirlen angeordneten Blüten manchmal bereits im Februar. Naturformen sollten bevorzugt werden, obwohl Hybridzüchtungen oft größere Blüten tragen. Wird es kalt, rollen sich die schmalen zarten Blütenblätter zum Schutz zusammen und entfalten sich wieder mit steigenden Temperaturen. Die Zaubernuss erreicht eine Höhe von 2 bis 3 m, bevorzugt einen warmen, geschützten Standort, leicht sauren Boden und möchte nicht verpflanzt oder zurückgeschnitten werden. Für Bienen erfolgt die Blüte eher zu früh, aber Hummeln wissen das Angebot zu schätzen. Schöne Laubfärbung im Herbst. Kübelpflanzung möglich.

Zistrose (*Cistus*)
Blütenreicher, als Kübelpflanze geeigneter Kleinstrauch. Erst nach den Eisheiligen auspflanzen, Südhanglage, Pflanzgrube dreimal so groß wie Wurzelballen, Aushub mit Sand oder Kies abmagern, Staunässe vermeiden, bei Kübelpflanzung Kräutererde. Winterabdeckung mit Laub und Reisig, Krone in ein Vlies einpacken, nicht zurückschneiden. Topfpflanzen überwintern im frostfreien Winterquartier. Die Zistrose kann stark zurückfrieren, treibt aber wieder aus, organisch düngen. Täglich neue Blüten, die von Bienen geliebt werden, aber nur bis zum Mittag geöffnet sind. Blüte kann etwas dauern. *C. × purpureus*, die Purpur- Zistrose, von V–VII rosa Schalenblüten Am spätesten, VII–VIII, blüht die **Lorbeerblättrige Zistrose** (*Cistus laurifolius*), winterhärteste Sorte *C. hybr.* 'Silver Pink', Höhe bis 80 cm.

●●● Die Trompetenblume ist bei Bienen sehr beliebt

KLETTERPFLANZEN – Belebte Natur statt kahler Wände

Will man ein harmonisches Gartenbild erzielen, gehören begrünte Wände als Rahmen ganz einfach dazu. Vor allem der heimische Efeu und Wilder Wein machen im Lauf einiger Jahre aus kahlen, unansehnlichen Wänden wertvolle Rückzugsorte und gedeckte Tische für die verschiedensten Tierarten. Mit ihrer großen Blattmasse zählen sie zu wichtigsten Luftverbesserungspflanzen und sollten angesichts unserer zunehmenden Luftverschmutzung schon aus diesem Grund auch im städtischen Bereich wieder viel mehr angepflanzt werden. Der erst nach einigen Standjahren mit der Blüte beginnende immergrüne Efeu stellt zudem im Spätherbst eine der letzten für Bienen ergiebigen Futterquellen dar und wird daher auch entsprechend begeistert von allem, was um diese Jahreszeit noch fliegt, frequentiert. Beide Kletterer müssen jedoch mit Bedacht gepflanzt werden, da sie durch ihre Haftwurzeln zwar problemlos an jeder Mauer emporwachsen, sich am Verputz aber so festklammern, dass sie von dort nur unter Zurücklassung von Mauerschäden wieder entfernt werden können. Kurz gesagt: Einmal Efeu, immer Efeu.

© Erhard Kontur

Wilder Wein kann sehr dominierend werden und lässt sich nur unter Zurücklassung von Mauerschäden wieder entfernen

In einem Garten ging das Paradies verloren, in einem Garten kann man es wiederfinden.

Blaise Pascal

●●● **Die bis in den Herbst hinein blühenden Brombeeren liefern hochwertigen Nektar**

●●● **Clematisblüten gleich neben dem Insektenhotel – wenn das kein Service ist**

Brombeere (*Rubus fruticosus*)
Bietet aufgrund der späten und langen Blüte VI–VIII reiche Bienenverpflegung; als Gegenleistung erhalten wir alljährlich aromatische Beeren. Höhe und Breite je nach Züchtung gut 2 m, benötigt Stütze. Durchlässiger Gartenboden, Sonne bis Halbschatten, nicht zu trocken, da Flachwurzler. Bedornte Züchtungen wie 'Theodor Reimers' sind wichtige Vogelschutzgehölze, einfacher abzuernten sind allerdings die unbedornten Brombeeren. Köstlich schmeckt die **Taybeere**, eine Kreuzung zwischen Brombeere und Himbeere. Mit 3 m Höhe und Breite etwas ausladender wird die **Japanische Weinbeere**, *Rubus phoenicolasius*, die gern am Zaun wächst und aromatische, orangerote Früchte trägt, die allerdings von Vögeln ebenfalls geschätzt werden.

Clematis (*Clematis* sp.) eigentlich Waldrebe.
Die meisten der unzähligen Züchtungen blühen mit prachtvollen Einzelblüten; *Clematis montana* 'Rubens' stellt sie mit einer riesigen rosaroten Blütenfülle V–VI alle in den Schatten. Auf einem windgeschützten, nicht der prallen Sonne ausgesetzten Standort mit nahrhaftem, leicht saurem Boden wird sie bis 8 m hoch und breit, legt sich malerisch über Zäune und Mauern oder durchwächst alte Bäume. Wird sie zu dominant, kann man sie bis zum Boden zurückschneiden, sie wird bald wieder austreiben. Die zahlreichen Zuchtformen sind für Bienen nicht ergiebig. Für Wildgärten interessant ist die bei uns heimische *Clematis vitalba*, mit einer Höhe von 3–10 m und einer Fülle insektenfreundlicher, kleiner weißer Blüten VII–IX. Rückschnitt im März auf 50 cm empfohlen. Zart, aber hübsch mit intensiv blauen Blüten IV–V klettert die heimische Alpenwaldrebe, *Clematis alpina*; sie gilt als Nektarquelle für Bienen, Hummeln und Schmetterlinge. *Clematis terniflora*, die **Oktober-Waldrebe**, wird bis 5 m hoch, duftende weiße Blüten VII–X, viel Bienenbesuch, Rückschnitt im Frühjahr. Alle *Clematis*-Arten sind für eine Beschattung ihres Fußes und gleichmäßige Feuchtigkeit dankbar.

●●● **Erst die strauchförmig verzweige Altersform des Efeus bildet Blüten und Früchte**

●●● **Feuerdorn – im Frühjahr begeistert er Bienen, im Herbst unsere Vögel**

Gut zu wissen

Die Clematis wird meistens in Hausnähe gepflanzt und leidet dort fast immer unter winterlicher Trockenheit, die ihr gar nicht gut bekommt. Daher möglichst von der extremen Trockenzone etwas entfernt mindestens 30 cm tief schräg pflanzen und den Wurzelbereich ständig mit einer dicken Mulchschicht abdecken.
Während frostfreier Perioden im Winter ab und zu gießen.

Efeu (*Hedera helix*)
Die heimische Form klettert bis ca. 4 m Höhe, auch als Bodendecker verwendbar. Blüht frühestens nach dem 6. Standjahr, eine der wichtigsten späten Bienenweiden. Grünlich gelbe Blüten IX–XI, eher unscheinbar, aber hoher Nektarwert. Wächst auf jedem nicht zu trockenen Boden, Halb- bis tiefer Schatten, wird dort allerdings von Bienen eher gemieden. Der großblättrige **Irische Efeu** (*Hedera hibernica*) wächst bis 10 m hoch, benötigt aber bis zur ersten Blüte an die zehn Jahre, ist dann jedoch extrem bienenfreundlich. Alle Efeuarten sind winterhart, aber giftig!

Feuerdorn (*Pyracantha coccinea*)
Exzellentes Vogelnistgehölz, darf wegen der Feuerbrandgefahr nicht überall gepflanzt werden. Bis 3 m, viele weiße Blüten V–VI, bei Vögeln begehrte orange oder rote Früchte. Sehr winterhart, nährstoffreicher Boden, wurzelt tief und breit, kein eigentlicher Kletterer, kann aber dekorativ an einem Spalier hochgezogen werden.

Die Glyzinie kann sehr dominant werden, verträgt aber jeden Rückschnitt

Kiwi blühen meist unter dem Laub versteckt

Glyzinie (*Wisteria sinensis*),
auch Blauregen. Kann im Verlauf einiger Jahre sehr dominant werden und sogar Dachrinnen und Ähnliches verbiegen, ist aber gut schnittverträglich. Am besten ein bereits blühendes Exemplar pflanzen, es gibt auch Glyzinien, die nicht blühen. Entwickelt im Lauf der Jahre einen Stamm. Es gibt viele Züchtungen, Blüten weiß, blau, rosa oder auch mehrfarbig, teils mit extrem langen Blütenrispen V–VI, reiche Nahrungsquelle für Honig- und Wildbienen, kleine Nachblüte im Spätsommer. Die blauschwarze Holzbiene besucht mit Vorliebe Glyzinien.

Kiwi (*Actinidia deliciosa*)
Dekorativer Schlinger und Bienenmagnet für extrem warme Standorte, auf selbstbefruchtende Sorten achten, z. B. 'Solo' oder 'VITIKIWI', Höhe bis 4 m, Schlinghilfe nötig, sonst bleibt der Wuchs niedrig. In den ersten Jahren leichter Frostschutz empfohlen. Nahrhafter Boden, bei Trockenheit regelmäßige Wasserversorgung, Mulchabdeckung über dem Wurzelbereich günstig. Viele verschiedene Sorten, manche mit essbarer Haut, z. B. *Actinidia arguta* 'Issai'. Weniger starkwüchsig ist Actinidia arguta, auch Minikiwi, mit kleineren Früchten, sehr frosthart, einige Züchtungen sind auch für Kübelkultur geeignet. Rückschnitt spätestens Ende Februar.

Kletterrosen–Ramblerrosen,
siehe Kapitel Rosen

Kletterhortensie – das Bienen-Eldorado

(*Hydrangea petiolaris*) Im Gegensatz zu anderen Hortensienarten außerordentlich bienenfreundlich! Riesige Fülle duftender weißer Blütenschirme zur Zeit der Wiesenmahd, VI. Nicht zu trockener, leicht saurer Boden, keine Kletterhilfe, schnittverträglich. Bis 5 m, robust, schädlingsfrei, Haftwurzeln verursachen kaum Schäden im Wandverputz. Am Boden aufliegende Zweige wurzeln leicht.

Die bizarre Blüte der Kletterhortensie

Klettertrompete (*Campsis radicans*)
Eine der prachtvollsten Kletterpflanzen, aber nur für mildes Klima geeignet, hitzeverträglich. Nährstoffreicher Boden, im Sommer oft wässern, bis 5 m. Am Anfang etwas Winterschutz und Mulchschicht empfohlen. Dichtes Laub, prachtvolle rote, orange oder rote Blüten VII–IX, je nach Züchtung. Während der ersten Jahre Grundgerüst aufbauen, in den Folgejahren Seitentriebe im Frühjahr auf 20 cm zurückschneiden, fördert die Blüte. Tragkräftiges Spalier unumgänglich, Pflanze giftig. Bestäubung durch Bienen und Hummeln. *Campsis × tagliabuana* 'Mme. Galen' gilt als Insektennährgehölz. Die **Rosa Klettertrompete** (*Podranea ricasoliana*) ist nicht winterhart, kann aber an einem tragfähigen Spalier als wuchtige, überaus attraktiv und lange blühende Kübelpflanze Terrassen verzaubern. VII–IX.

Winterharte Kletterpflanzen im Pflanzkübel

Im Spätherbst gießen, mit Luftpolsterfolie einpacken, Kübel auf Holz oder Styropor stellen, nach Möglichkeit an eine geschützte Mauer rücken. Falls an einem Spalier festgebunden, während extremer Frosttage durch eine alte Decke oder dergleichen schützen.

Schlingendes Geißblatt (*Lonicera × heckrottii*),
eine der am weitesten verbreiteten Arten, lange Blütezeit von VI–VIII, hübsche, rosaweiße Blüten, gutes Vogelschutz- und Nährgehölz, Raupenfutterpflanze. Starkwüchsig, Höhe bis 4 m, verträgt ab und zu gründlichen Rückschnitt, nahrhafter, nicht zu trockener, eher saurer Boden. *Lonicera × tellmanniana* blüht gelb, wird als stadtklimafest empfohlen, *Lonicera × brownii* 'Scarlet' gilt als die frosthärteste Züchtung, orange Blüten VI–IX. *Lonicera caprifolium*, das Echte Geißblatt mit dem hübschen Namen Jelängerjelieber, blüht V–VI mit gelblich weißen, am Abend stark duftenden Blüten, bestes Insektennährgehölz. Bevorzugt kalkhaltige, nahrhafte Böden und Rankhilfe.

Rosa Trompetenwein (*Podranea ricasoliana*)

Schlingendes Geißblatt

Der Schlingknöterich ist sehr starkwüchsig und anspruchslos

Schlingknöterich (*Polygonum baldschuanicum, Fallopia aubertii*)
Extrem starkwüchsiger, völlig anspruchsloser Kletterer für Sonne-Halbschatten, weiße Blütenwolken mit hohem Nektargehalt VII–X, nicht zu trockener Boden, bis 12 m, sehr ausladend, aber gut schnittverträglich, frosthart, benötigt Rankhilfe.

Staudenwicke (*Lathyrus latifolius*)
Die dauerhafte Wickenvariante wird bis ca. 2 m hoch und blüht VI–VII unermüdlich karminrot oder weiß, wenn man den Samenansatz laufend entfernt. Ideal geeignet zur Begrünung des kahlen Fußes einer Kletter- oder Ramblerrose. Nahrhafter, nicht zu trockener Boden, Sonne, zur Blütezeit Treffpunkt vieler Wildbienenarten.

Wickenblüten sind bei vielen Insekten beliebt

Wandbegrünungssysteme

der unterschiedlichsten Art können, vor allem bei der unter ständigem Platzmangel leidenden Balkongärtnerei, die jeweiligen Möglichkeiten einer bienenfreundlichen Bepflanzung entscheidend erweitern, ohne bleibende Mauerschäden zu verursachen. Sie eignen sich u. a. hervorragend für ein- und mehrjährige Kletterpflanzen, von denen nicht wenige ausgezeichnete Bienenweiden darstellen.

●●● **Im Herbst begeistert der Wilde Wein mit seiner prächtigen Laubfärbung**

Wilder Wein (*Parthenocissus* sp.), mit Überlegung pflanzen. Ältere Pflanzen bieten Bienen zur Blütezeit VI–VIII je nach Art zwar exzellente Futterbedingungen, produzieren im Herbst aber auch riesige Laubmengen, die vom Wind gern zu nicht gartenfreundlichen Nachbarn geweht werden. Besonders starkwüchsig ist *Parthenocissus tricuspidata* 'Veitchii', die **Dreilappige Jungfernrebe**, die ganze Häuser mit Grün überziehen kann. Als extrem insektenfreundlich gilt *Parthenocissus quinquefolia* 'Engelmannii', alle haben eine herrliche Herbstfärbung und überziehen, bei nahrhaftem, nicht zu trockenem Boden, ohne Hilfe in wenigen Jahren selbst glatte Betonmauern großflächig. Der echte **Wein** (*Vitis vinifera*) ist als Selbstbestäuber zwar nicht bienen- dafür aber gaumenfreundlich und eine Ausnahme durchaus wert.

Winterjasmin (*Jasminum nudiflorum*)
kann hängen oder am Spalier klettern,
s. Kapitel Klima.

Einjährige und nicht winterharte Kletterpflanzen

… sind vor allem für Balkongärten unverzichtbare Grünbereicherungen, die fast nichts kosten, aber monatelangen Blütenreichtum spenden. Wegen der Frostempfindlichkeit dürfen sie erst nach den Eismännern ins Freie gebracht werden, sollten aber, um ihre Blühkapazität voll ausspielen zu können, unbedingt im Glashaus oder am Zimmerfenster vorgezogen werden. Man verwendet dazu am besten Töpfchen, die von selbst verrotten, sodass die jungen Pflänzchen bei der Pflanzung an Ort und Stelle im Wachstum nicht gestört werden. Alle eignen sich für Container, können aber auch im Garten ausgepflanzt werden und benötigen reichlich Sonne, Dünger und regelmäßige Bewässerung.

●●● **Der Winterjasmin öffnet, seinem Namen entsprechend, seine ersten Blüten bereits im Winter**

Einjährige Duftwicke

Die Feuerbohne bildet rasch eine dichte Begrünung

Glockenrebe

Prunkwinde

Duftwicke (*Lathyrus odoratus*),
ist eher für den Garten geeignet, kein frisch gedüngter Boden, schön als Gruppenpflanzung, viele Farben, Samenansatz laufend ausputzen verlängert die Blütezeit VII–VIII, herrlicher Duft, Höhe ca. 1,5 m.

Feuerbohne (*Phaseolus coccineus*),
auch Stangenbohne, 2–3 m, attraktive rote Blüten VI–VIII, Früchte gekocht essbar, rasche Ernte fördert die Blütenbildung. Kein frisch gedüngtes, aber nährstoffhaltiges Substrat.

Glockenrebe (*Cobaea scandens*),
blüht weiß, rosa, violett oder lila, VII–X, Höhe bis 8 m, verträgt etwas Schatten.

Kapuzinerkresse (*Tropaeolum majus*),
kann hängen oder klettern, s. unter Kräuter.

Prunkwinde (*Ipomoea* sp.)
Wunderschöne blaue Blüten während des ganzen Sommers, kalkhaltiger, nicht zu kräftig gedüngtes Pflanzsubstrat, giftig! Als besonders bienenfreundlich gilt *Ipomoea quamoclit* 'Cardinalis' mit dekorativem Laub und knallroten, auch von Schmetterlingen frequentierten Blüten. Höhe im Garten bis 5 m, im Kübel 2 m, Gruppenpflanzung.

Sternjasmin (*Trachelospermum jasminoides*)
Starker, lianenartiger Wuchs, nicht winterhart, kann aber als Kübelpflanze im Wintergarten überwintert werden. Guter Sichtschutz, duftende weiße Blüten, lange Blütezeit, ganzjährig glänzendes grünes Laub, im Frühling langsam an die Sonne gewöhnen, sonniger–halbsonniger Standort.

Sternjasmin

Fassadengebundene Begrünung –

die moderne Alternative zu Kletter- und Schlingpflanzen

Wer entlang der Fassade keinen direkten Zugang zum „gewachsenen" Boden oder zu geräumigen Pflanzgefäßen hat, entscheidet sich heute für eine fassadengebundene Begrünung. Diese Systeme werden in allen Größen und Varianten angeboten. Wir stellen hier das Trog-System vor, das sich in den vergangenen Jahren außergewöhnlich gut bewährt hat.

Vorteile fassadengebundener „Trog"-Systeme

- Einfache Montage
- Geringer Pflegeaufwand
- Pflanzen werden in horizontal verlaufende, rinnenförmige Pflanztröge mit speziellem Substrat gesetzt. Dies entspricht weitestgehend dem natürlichen Standort.
- Da auch die automatische Bewässerung und Düngung über die Rinnen erfolgt, gibt es keine Trockenzonen im oberen Bereich der Begrünung, wie es etwa bei Pflanzungen in vertikal montierten Fasermatten vorkommen kann.
- Es können sowohl sommer- als auch immergrüne Stauden verwendet werden. Eine Musterung mit blattzierenden Arten ist ebenso möglich wie die Pflanzung eines „vertikalen Gartens", der zu jeder Jahreszeit mit attraktiven Blüteneffekten überzeugt.
- Der „Grün-Effekt" ist sofort sichtbar, innerhalb weniger Monate stellt sich die Pflanzung als dichte vertikale Grünfläche dar – mit hoher Wertanmutung.
- Die Bewässerung erfolgt im Optimalfall über Einspeisung der Dachwässer.
- Positiver Klimaeffekt – die Grünfassade kühlt im Sommer durch Verdunstung und bildet im Winter einen der Fassade vorgehängten, wärmenden „Mantel".
- Der ökologische Faktor ist – vor allem im urbanen Raum – von enormer Bedeutung. Ist die Fassade dicht begrünt, wird sie rasch von verschiedensten Vogel- und Insektenarten besiedelt. An der Wand bildet sich ein eigenes Ökosystem.
- Befragt man Personen, die länger in derart begrünten Häusern wohnen oder arbeiten, so erfährt man, dass sie dem regen Treiben vor dem Fenster sehr viel Aufmerksamkeit schenken. Sie wissen genau, welche Vogelfamilie gerade ein Nest baut, brütet oder schon die Jungen großzieht, welche Pflanzen blühen und von welchen Insekten sie besucht werden.

Nachteil fassadengebundener „Trog"-Systeme

- Verglichen mit anderen Fassadenbegrünungs-Systemen leicht erhöhte Startkosten bei der Installation – diese relativieren sich allerdings in den Folgejahren, da es bei funktionierender automatischer Bewässerung und Düngung kaum zu Pflanzenausfällen durch Trockenschäden kommt.

Fassade der MA 48, Wien

Bienenhotspots

KRÄUTERSTECKBRIEF –
die 36 besten Bienenkräuter im Porträt

Im riesengroßen Pflanzenreich gibt es kaum größere Individualisten, als die von uns mit dem Sammelbegriff „Kräuter“ bedachten Pflanzen. Uns Menschen schenken sie, wenn wir ihre Verwendbarkeit kennen und ihre Eigenheiten berücksichtigen, Gesundheit, Würze, Duft und Schönheit, aber auch ein bisschen Magie und Hexenzauber. Für Biene & Co. jedoch stellen sie, bedingt auch durch ihre vielfach erst im vorgerückten Sommer einsetzende Blüte, die hochqualitative Nahrungsquellen dieser Jahreszeit dar.

Ein blühender Kräutergarten ist für ein buntes Sammelsurium von Insekten der unterschiedlichsten Art, insbesondere auch Schmetterlinge, unverzichtbar und ähnelt einem einladend gedeckten Tisch, an dem es sich alle in einem erstaunlich friedlichen Miteinander wohl sein lassen. Die verschiedenen Kräuter vertragen sich untereinander allerdings weit weniger gut, was einerseits mit ihren starken Ausscheidungen zu tun hat, andererseits aber auch mit der Tatsache, dass sie aus sehr verschiedenen Klimazonen zu uns gekommen sind und sich erst nach und nach akklimatisiert haben. Auch in Bezug auf die Bodenverhältnisse stellen sie sehr unterschiedliche Ansprüche, weshalb es einfacher ist, Kräuter im Garten verstreut dort zu pflanzen, wo sie sich wohlfühlen und mit den Nachbarn gut verstehen. Sehr empfindliche werden ohnehin besser unter Dach am geschützten Balkon kultiviert. Aber wo immer ihre Kräuterleckerbissen auch blühen, Biene & Co. werden sie mit Sicherheit schnell aufspüren und mit Begeisterung davon naschen.

(B = Kennung für Balkoneignung , * = Bauerngarten)

Ein guter Tipp

... bevor Sie weiterlesen: Bauen Sie die Kräuter an, die Sie in der Küche auch wirklich verwenden - und ein paar mehr als Leckerbissen für Bienen und Schmetterlinge.

Als Unkraut werden jene Pflanzen bezeichnet, deren Wert der Mensch noch nicht erkannt hat. Alle anderen nennt man Kräuter.

Nach Ralph Waldo Emerson

Angelika

Bärlauch

Baldrian

Angelika (*Angelica archangelica*) auch Echte Engelwurz, 200-300 cm, imposante, zweijährige Heil- und Küchenpflanze. Nährstoffreicher, feuchter Boden. Grünlich weiße, duftende, große Blütenballen VII–VIII, Bienen- und Schmetterlingsmagneten! Jede Pflanze blüht nur einmal, bildet aber meistens Horste. Samt sich aus, daher vor der Samenreife den imposanten Blütenstand abschneiden, Stängel aber als Winterquartier für viele Insektenarten stehen lassen. Schön für Naturgärten *A. sylvestris*, die Wilde Engelwurz, 100–180 cm. Ähnliche Bedingungen wünscht sich die mit 100–200 cm Höhe überaus attraktive, ebenfalls zweijährige Rote Engelwurz (*A. gigas*) mit purpurfarbenen Stängeln und extrem nektarreichen roten Blütenkugeln, die von Insekten aller Art begeistert besucht werden. Raupenfutterpflanze für den Schwalbenschwanz, Architekturpflanze für den Garten.

Bärlauch (*Allium ursinum*) Als Massenpflanzung frühe Bienenweide, je nach Standort III–IV. Lässt sich nicht im Kräuterbeet oder Balkonkistchen anbauen, wächst innerhalb weniger Jahre überall im Garten, da Ameisen den Samen vertragen. Bärlauch verwildert dekorativ, aber auch dominant. Seine kleinen Zwiebelchen stellen jedoch kein Problem dar, nach der Blüte zieht das Grün bis zum nächsten Frühling rasch ein und verschwindet aus dem Gartenbild. Sehr gesund, möglichst roh verwenden, Blatt und Blüte essbar. Wird er einem zu viel, kann man ihn leicht ausjäten.

Baldrian (*Valeriana officinalis*) Heilpflanze, Höhe 100–150 cm, VI–VII rosa-weiße, schirmartige Blüten, relativ großer Wurzelstock. Bevorzugt nahrhafte, feuchte Böden. Im Staudenbeet sehr dekorativ, frosthart und ausdauernd. Raupenfutterpflanze, vom Kaisermantel bevorzugt! Großflächig in Kombination mit Zierlauch gepflanzt, exzellente Bienenweide. Baldriansaft ergibt ein wichtiges Frostschutzmittel zum Schutz der Obstbaumblüte bei Spätfrösten. *

Basilikum

Beinwell

Berg-Bohnenkraut

Basilikum (*Ocimum basilicum*) Erst nach den Eisheiligen ins Freie bringen, vollsonniger Standort, sehr wärmebedürftig, nach Möglichkeit vor Regen schützen. Wünscht sich nahrhaften, leicht lehmigen Boden. Wächst in warmen, trockenen Sommern auch im Gartenbeet, sonst besser als einjährige Balkonpflanze in Topf oder Kistchen halten, stark schneckengefährdet. Zur Ernte werden normalerweise immer Triebspitzen mit einigen Blättern abgezwickt, was aber auf Kosten des Blütenansatzes geht. Besonders blütenreich und würzig ist das kleinblättrige Basilikum. Ab und zu nachdüngen, nie austrocknen lassen. Lange Blütezeit ab Sommermitte. Viele verschiedene Geschmacksrichtungen wie Zitronenbasilikum, Thai-Basilikum usw. Ein sensationeller Bienenmagnet ist das bis ca. 60 cm hohe, dekorative **Strauchbasilikum**, z. B. „African Blue", das Regen abbekommen sollte, sonst ist Spinnmilbenbefall möglich. Wird es während früher Frostnächte etwas geschützt, kann es zur Freude von Wildbienen bis spät in den Oktober hinein blühen. Es kann mit den Kübelpflanzen frostfrei überwintert werden. Nach Möglichkeit mehrere davon aufstellen.

Beinwell (*Symphytum officinale*) Von Hummeln geliebt! Seit Jahrtausenden als Heilpflanze in Verwendung, aber nicht ungefährliche Nebenwirkungen! Unverzichtbare Pflanze für wachstumsfördernde Biojauchen, stickstoff- und kaliumhaltig. Herz der Pflanze schonen, wächst immer wieder nach, der Beinwell samt sich selbst aus. Guter Rosennachbar, liebt nährstoffreiche Böden, Sonne bis Halbschatten. Blüten eher unscheinbar, bei Rückschnitt bis in den Herbst. Höhe ca. 50 cm. *

Berg-Bohnenkraut (*Satureja montana*) Mehrjährig, warmer, sonniger, windgeschützter Standort, durchlässiger, gern auch steiniger Boden, auch für Kiesgärten oder Trockenmauern geeignet, bis 30 cm, kaum düngen. Blüte VII–IX. Wertvoll ist auch das Kriechende Bergbohnenkraut, *S. spicigera*, das erst im Spätsommer mit zahlreichen weißen Blüten aufwartet und sehr hitzeverträglich ist. B *

Bischofskraut

Borretsch

Brotklee

Currykraut

Bischofskraut (*Ammi visnaga*) Als Heilkraut kaum noch in Verwendung, aber exzellente Bienenweide für den späten Sommer. Weiße Doldenblüten, Höhe ca. 100 cm, anspruchslos, ein- bis zweijährig. Auch für Staudenrabatten geeignet.

Borretsch (*Borago officinalis*), auch Gurkenkraut. Einjährig, raschwüchsig, samt sich aus. Verwendbar sind die jungen Blätter; die blauen Blüten sind als essbare Dekoration beliebt, sollten aber den Bienen überlassen werden, da hervorragende Weide. Auf nahrhaften Böden 80–100 cm, ausladend, sonnig bis halbschattig, robust. *

Brotklee (*Trigonella caerulea*), auch Schabzigerklee, wird am besten im Frühjahr ausgesät, einjährig. Wunderbar aromatisches Brotgewürz, sonnig, 60–80 cm, gleichmäßig feucht halten. Viele kleine, duftende Blüten, gute Bienenweide. Alle Teile der Pflanze sind getrocknet und fein vermahlen verwendbar. *

Currykraut (*Helichrysum italicum*) Weder Heil- noch Würzkraut, hat nur den Geruch von Curry, aber ausgezeichnete Bienenweide. Liebt trockene, vollsonnige Gartenplätze, lange Blütezeit VI–VII, silbergraues Laub, ca. 50 cm, mit Rückschnitt Nachblüte möglich, in milden Wintern ausdauernd. Schön für Einfassungen. B

Dill (*Anethum graveolens*) Macht, was er will! Einjährig, früh aussäen, lässt sich nicht gern umpflanzen und wächst selten dort, wo man ihn haben möchte. Beim Biogärtner werden Jungpflanzen daher in Töpfen angeboten, die von selbst verrotten. Volle Sonne, nahrhafter Boden, Gruppenpflanzung zur besseren Standfestigkeit empfohlen. Blüte VII–VIII, bis zu 120 cm. Vom Schwalbenschwanzschmetterling geliebt! *

Dill

●●● **Dost**

●●● **Echtes Johanniskraut**

●●● **Estragon**

Dost (*Origanum vulgare*), auch Oregano. Mehrjähriges Heil- und Gewürzkraut, erhält nur auf steinigen, trockenen Böden in voller Sonne die Würzkraft, wie im mediterranen Raum. Eine der wertvollsten Bienenweidepflanzen für alle Arten. Kleine weiße bis lilarosa Blüten, VII–VIII. Verwendung frisch oder getrocknet. B

Echtes Johanniskraut (*Hypericum perforatum*) Viele Arten, weltweit verbreitet, nur das Getüpfelte Johanniskraut besitzt Heilkraft. Erkennbar an den durchscheinend punktierten Stellen der Blätter, die zerquetscht einen roten Saft abgeben. Wächst nur auf steinigen Magerböden in voller Sonne. Goldgelbe Blüten VI–VII, ausdauernd, ca. 80 cm. Zieht Schmetterlinge an. *

Estragon (*Artemisia dracunculus*) Pflanzen Sie ausschließlich französischen Estragon, er ist viel eleganter im Geschmack als die russische Variante. Höhe 50–70 cm, anspruchslos, benötigt leichte Stütze, Blüte unansehnlich, aber bienenfreundlich, VII–VIII.

Fenchel (*Foeniculum vulgare*) Der eine Knolle bildende Gemüsefenchel ist für Bienen uninteressant, wertvoll dagegen der üppig und lange blühende, nektarreiche Zierfenchel, VII–IX, Höhe ca. 120 cm. ‘Rubrum’ hat glänzendes rötliches Laub, attraktiv ist auch ‘Atropurpureum’. Nahrhafter, nicht zu trockener Boden, mehrjährig, samt sich aus. Im Frühjahr Teilung möglich, kein Schneckenfraß, dekorativ in Rabatten, benötigt aber Platz, bildet im Lauf der Jahre große Horste. Nur für größere Gärten, nicht essbar. Wichtige Raupenfutterpflanze für den Schwalbenschwanz.

●●● **Fenchel**

●●● **Herzgespann**

●●● **Kamille**

●●● **Kapuzinerkresse**

Herzgespann (*Leonurus cardiaca*) Extrem bienen- und hummelfreundlich, wertvoller Nektar, als Heilpflanze früher in jedem Bauerngarten anzutreffen, heute Verwendung in der Naturheilkunde. Nahrhafter, nicht zu feuchter Boden, volle Sonne. 50–100 cm, lange, rosa Blütenkerzen VI–IX, mehrjährig. *

Kamille (*Matricaria chamomilla*) Eine unserer ältesten und wertvollsten Heilpflanzen, einjährig, unempfindlich, samt sich selbst aus, Höhe ca. 40 cm. Im Biogarten unverzichtbar. Blüten VI–VII, leider nur wenig Nektar oder Pollen. Die echte Kamille hat zum Unterschied von der ähnlichen Hundskamille einen hohlen Blütenboden und einen typischen Duft. *

Kapuzinerkresse (*Tropaeolum majus*) Heilpflanze des Jahres 2013, alle Teile essbar, Aussaat im Frühjahr, kann auf günstigen, sonnigen bis halbsonnigen Standorten meterlange, mit gelben bis orangen Blüten besetzte Ranken ausbilden, einjährig, rascher Wuchs, frostempfindlich. Nährstoffreicher Boden, öfter düngen, feucht halten. Kann kletternd oder hängend verwendet werden, auch für Balkone geeignet. B *

Kerbel (*Anthriscus cerefolium*) Einjährig, kurzlebig, samt sich aber selbst aus, wenn man ihm ein ruhiges Plätzchen im Halbschatten zur Verfügung stellt. Mag weder Hitze noch Trockenheit. Weiße Blüten VI–IX, verwendet werden die aromatischen Blättchen, vor Schnecken schützen. *

●●● **Kerbel**

●●● **Koriander**

Koriander (*Coriandrum sativum*) Blüht VI–VII auf lehmigem bis sandigem Boden und lockt mit weißen Blüten Wildbienen und andere Insekten an. Aussaat April bis Ende Mai auf nicht frisch gedüngten Boden. Manche lieben Koriander, anderen schmeckt er seifig, Bienen sind von seinen weißen Blüten auf jeden Fall begeistert. Die getrocknet gemahlenen Samenkörner schmecken völlig unterschiedlich und sind eine beliebte Brotwürze. *

Kren (*Armoracia rusticana*), auch Meerrettich. Heil- und Würzpflanze, die nach tiefgründigem, nicht zu trockenem Boden verlangt. Kann jahrelang auf der gleichen Stelle bleiben, ab und zu sticht man ein Stück Wurzel aus, der Rest wächst weiter. V–VI treibt aus alten Wurzeln ein dekorativer, ca. 60 cm hoher, von Bienen viel besuchter Blütenschirm. Gedeiht auch im Halbschatten. Laub wird im Biogarten für Jauchen, z. B. gegen Mehltau, verwendet. *

●●● **Kren**

Lavendel (*Lavandula*) Eine der anspruchslosesten Pflanzen überhaupt, aber Magnet für alle fliegenden Insekten, Nektarwert hoch. Gedeiht am besten auf kalkhaltigem, sehr trockenem Schotterboden in voller Sonne, kaum düngen. Es gibt verschiedene Arten und noch mehr Züchtungen mit weißen, rosa, vor allem aber lilablauen Blüten, nicht alle sind winterhart. Als Würz- und Heilpflanze gilt nur *L. angustifolia*. Rückschnitt im Spätsommer, nachdem sich die Blüten bräunlich verfärbt haben und von Bienen nicht mehr angeflogen werden. Nicht ganz bis ins alte Holz zurückschneiden, treibt bis zum Spätherbst wieder nach, wintergrün. B *

●●● **Lavendel**

Liebstöckel

Majoran

Minze

Liebstöckel (*Levisticum officinale*), auch Maggikraut. Tiefgründiger, nahrhafter, nicht zu trockener Boden, Sonne-Halbschatten. Von VII-VIII grünlich gelbe Blüten auf gut 150 cm hohen, starken Stängeln, langjährig, robust. Wachstumsfördernde Wirkung auf Rosen, gute Suppenwürze, ziemlich dominante Pflanze. *

Majoran (*Origanum majorana*) Aromatisches Würz- und Heilkraut, Blüte unscheinbar VI-VIII, Höhe bis 50 cm, volle Sonne, trockener, nährstoffarmer Boden. Verwendung frisch oder getrocknet. Am besten auf dem Balkon in Topfkultur halten; besonders aromatisch ist der französische Majoran. B *

Minze (*Mentha*) Unzählige Züchtungen in unterschiedlichsten Geschmacksrichtungen. Als eine der besten klassischen Minzen gilt die „Marokkanische Minze" (*Mentha spicata* ssp. *crispa*, s. Foto), 40-50 cm, manche haben kriechenden Wuchs. Lange Blütezeit während des Sommers, daher für Bienen wertvoll. Lockerer, eher feuchter Boden. Die meisten neigen zum Wuchern, daher eventuell in einen im Erdreich versenkten größeren Topf, aus dem man den Boden entfernt hat, pflanzen. * B

Quendel siehe unter Thymian

Ringelblume siehe Bauerngarten

Rosmarin (*Rosmarinus officinalis*) Im Alpenraum nicht winterhart, daher am besten im Topf auf dem Balkon halten. Wächst im Mittelmeerraum auf kargen, trockenen Böden; als Topfpflanze benötigt er bei starker Verwurzelung regelmäßige Wassergaben und ab und zu Dünger, Staunässe vermeiden. Frostfrei in kühlem, möglichst hellem Raum überwintern. Blüte III-IV, meistens hellblau. Nadeln werden frisch oder getrocknet sparsam verwendet. B *

Rosmarin

●●● **Rucola**

●●● **Salbei**

●●● **Schnittknoblauch**

Rucola (*Eruca sativa*) Kann im Gartenbeet oder in Kistchen auf dem Balkon ausgesät werden, schon bald erntereif, einjährig. Wird das Blattgrün nicht geschnitten, bilden sich zur Freude vieler Insekten hübsche gelbliche Blüten, 20–30 cm. B

Salbei (*Salvia officinalis*) Apothekersalbei, auch Echter Salbei, wertvolle Heilpflanze, winterhart, auf wintertrockenen Standorten sehr langlebig, steiniger, ungedüngter Boden. Nach der Blüte VI–VII zurückschneiden, dann erfolgt kleine Nachblüte. Zahlreiche medizinisch nicht verwendbare Zuchtformen, s. unter Kapitel Eldorado Staudengarten.

Schnittknoblauch (*Allium tuberosum*) Blüht wie alle *Allium*-Arten so bienenfreundlich, dass man es kaum übers Herz bringt, die Halme vor der Blüte abzuschneiden und aufzuessen. Nahrhafter, eher kalkreicher und nicht zu trockener Boden. Weiße Blüten, treibt wie Schnittlauch immer wieder nach.

Schnittlauch (*Allium schoenoprasum*) Die nektarreichen Blüten sind Magneten für Bienen aller Art und Schmetterlinge. Kann als unterstützender Rosenbegleiter gepflanzt werden. Ernte zum Eigenkonsum nur vor dem Knospenansatz, später werden die Halme hart. Sehr gesund; wenn er allen etwas bieten soll, kann man gar nicht genug davon in den Garten pflanzen. Liebt nahrhaften, eher kalkreichen Boden, öfter nachdüngen, mäßig feucht halten.

●●● **Schnittlauch**

Spitzwegerich

Spitzwegerich (*Plantago lanceolata*) Wertvolles Heilkraut, wächst eigentlich überall, aber im Garten gepflanzt ist er rasch zur Hand. Blattsaft bringt schnelle Linderung nach Wespenstichen, im Biogarten wertvoller Bestandteil pilztötender Pflanzentees. Wichtige Futterpflanze einiger Schmetterlingsraupen.

Thymian (*Thymus*) Echter Thymian (*T. vulgaris*), 10–30 cm, wertvolles Würz- und Heilkraut, trockener, nährstoffarmer, eher kalkhaltiger Boden, gern auch in Mauerfugen. Bienen lieben alle Arten des Thymians, und das sind extrem viele. In der Küche gern verwendet wird der aromatische Zitronenthymian, *T. citriodorus*, V–VIII, rosa bis lila Blüten. Der Sand-Thymian (*T. serpyllum*) hat kriechenden, kissenartigen Wuchs, rosa bis purpurfarbene, besonders nektarreiche Blüten und eignet sich auch zur Dachbegrünung. *T. praecox* 'Albiflora' blüht weiß, nur 5 cm hoch, teppichartiger Wuchs, 'Minor' blüht lilarosa. Der Arznei-Thymian (*T. pulegoides*), auch Feldthymian oder Quendel, 10–20 cm, wächst auf Magerrasen. Ähnlich ist der Feld-Steinquendel (*Acinos arvensis*). Thymian verträgt sich nicht mit Majoran. Ganzjährig grün, aber nicht immer winterhart, Trockenschäden möglich. Frisch oder getrocknet als Gewürz verwendbar. Quendel ist eine alte Bezeichnung für die Wildform des Thymians. B *

Thymian

Weinraute (*Ruta graveolens*) Früher in jedem Bauerngarten anzutreffend, gilt heute aber als giftig und phototoxisch (Reizwirkung auf der Haut bei Sonnenbestrahlung). 80–100 cm, gelbe, sehr nektar- und pollenreiche Blüten VII–VIII. Dekoratives, blaugrünes Laub, winterhart. Getrocknete Blätter schützen vor Ameisen. *

Weinraute

●●● **Ysop**

●●● **Zitronenmelisse**

Ysop (*Hyssopus officinalis*) Von Hildegard von Bingen hochgelobtes Arzneikraut, wegen der späten Blütezeit VII–IX heute vorwiegend als Bienenmagnet gepflanzt, die medizinische Verwendung ist umstritten. Blüte zumeist von intensivem Blau, hellrosa blüht die Züchtung 'Roseus'. Volle Sonne, ca. 60 cm, eher magerer, kalkhaltiger Boden, im Frühjahr zurückschneiden, einmal düngen. Schön als Gruppenpflanzung. Kann im zeitigen Frühjahr ausgesät werden, winterhart. *

Zitronenmelisse (*Melissa officinalis*) Gute Rosenbegleitstaude, nahrhafter, nicht zu trockener Boden. Weiße Blüten VI–VIII, anspruchslos, Verwendung in der Küche. Breitet sich gern aus. *

Zitronenverbene (*Aloysia citriodora*) Gedeiht gut als Topfpflanze auf dem Balkon, bei frostfreier Überwinterung mehrjährig. Blüte unscheinbar bläulich weiß, die Blätter enthalten köstlich nach Zitrone duftende ätherische Öle von hoher Intensität. B

●●● **Zitronenverbene**

© Gerda Walton

BIENEN-ELDORADO STAUDENGARTEN

110 Bienen-, Hummel-, Wildbienen- und Schmetterlings-Hotspots im Porträt

Was dem Schwarm nichts nützt, nützt auch der einzelnen Biene nichts.

Marc Aurel

Astern – die Bienenmagneten schlechthin!

Könnte man Bienen fragen, was man für sie in den Garten pflanzen soll, Astern (*Aster*) wären bestimmt auf der Wunschliste. Zum Glück ist die Auswahl vom Frühling bis in den ganz späten Herbst so riesig, dass man diesem Wunsch leicht entsprechen kann.

Auch Schmetterlinge sind übrigens von Astern begeistert. Alle lieben warme, sonnige, aber nicht zu stark austrocknende Standorte mit nahrhaftem, kalkhaltigem Boden, etwas Langzeitdünger im Frühjahr, sind winterhart und robust. Die extrem späte Blütezeit vieler Arten macht sie doppelt wertvoll. Bis zur vollen Entwicklung benötigen sie ein bis zwei Jahre.

Ein kleiner Überblick, es gibt aber noch viel mehr Asternarten und alle werden von Biene & Co. heiß geliebt:

Die Blütezeit beginnt Ende V mit den blauen Blüten der **Alpenaster**, *A. alpinus*, mit nur 20 cm Höhe, bevorzugt sandigen Boden. Doppelt so hoch wird die robuste und langlebige **Vorsommeraster**, *A. tongolensis*. Die leuchtend blauviolette Züchtung 'Wartburgstern' punktet mit einer auffallenden gelben Mitte und blüht V–VII. Zu den **Sommerastern** wird *A. amellus*, die Bergaster, gezählt. Sie verträgt kalkhaltige Böden und wird rund 50 cm hoch. Leuchtend blau blüht 'Veilchenkönigin', 'Rosa Erfüllung' in tiefem Rosa, VII–IX. Eine der schönsten frühen Astern ist sicher *A. frikartii* 'Mönch', aber auch 'Twilight' ist ein Hit, beide blühen ab Sommermitte.

Ein Traum für Biene und Gartenliebhaber ist die **Schönaster**, *Kalimeris incisa*. Pflanzt man 'Alba' als kleine Gruppe, wird sie als weiße, gelb getupfte Blütenwolke wochenlang den Garten verzaubern. 'Madiva' beginnt zartblau und wird dann weiß, 60-80. Auch längere Regenperioden werden gut überstanden. 'Blue Star' wird 60 cm hoch, VI-IX, die rosa 'Charlotte' ist etwas zartwüchsiger.

Unter den **Feinstrahlastern**, *Erigeron*, auch als Berufkraut bezeichnet, gibt es viele empfehlenswerte Züchtungen wie *E. × cultorum* 'Dunkelste Aller' oder die dunkelblaue 'Sommerabend', 'Sommerneuschnee' blüht weiß, rosa *E. speciosus* 'Rosa Juwel'. Alle sind durch ihre reiche Blüte Gartenzierden, werden aber viel zu wenig verwendet. Höhe rund 50 cm, Blütezeit VI-IX. Bei Gruppenpflanzung bildet sich nach ein bis zwei Jahren ein für Insekten unwiderstehliches Blütenmeer. Die **Scheinaster**, *Boltonia asteroides*, auch Sternwolkenaster, eignet sich gut für naturnahe Gärten. Als kleine Gruppe gepflanzt wird die Züchtung 'Snowbank' ihrem Namen eindrucksvoll gerecht. Höhe 120 cm, Blüte weiß mit gelbem Auge, VIII-IX. Sie wird von Wolken von Bienen belagert! Die **Kissenaster**, *A. dumosus*, auch Herbstaster, bleibt niedrig, gut für Einfassungen, Stein- oder Winziggärten. Verschiedene Höhen und Blütenzeiten, meistens IX-X. Nach der Blüte stark zurückschneiden. Berühmte Züchtungen sind 'Herbstgruß vom Bresserhof', 50 cm, mit rosa, halbgefüllten Blüten, oder die violette 'Prof. Kippenberg' mit 30 cm.

Noch in lichtem Schatten blüht entgegen der Asternart die reizende **Waldaster** (*Aster divaricatus*), sie wirkt aber nur in Gruppenpflanzung. Attraktiv mit dunklen Stängeln und weißer Bütenfülle mit gelber Mitte blüht den ganzen Herbst hindurch die Züchtung 'Tradescant'.

Aster pansus 'Snowflurry' wird nur 15-20 cm hoch und entwickelt sich zum bienenfreundlichen Bodendecker.

Die Züchtung 'Hug' der Myrten-Aster, *Aster ericoides*, auch Septemberkraut, 80-120, blüht zur Begeisterung der Bienen über viele Wochen hinweg mit einer fantastischen Überfülle kleiner weißer Blüten und ist den ganzen Tag im Belagerungszustand, die rosa 'Pink Star' blüht IX-X.

Die **weidenblättrige Scheinaster**, *Vernonia crinita*, die 150-200 cm hoch wird, eignet sich vor allem für große, naturnahe Gärten. Sie wird auch als Arkansas-Scheinaster bezeichnet. 'Rock Hill' blüht tiefviolett von IX-X.

Heimisch ist dagegen die **Goldaster** (*A. linosyris*), deren doldenartige gelbe Blüten von VII-X Bienen erfreuen. Sie liebt es trocken, ist anpassungsfähig und zur Dachbegrünung geeignet.

Die **Schleieraster**, *A. cordifolius*, bildet von IX-X ein Blütenmeer, Höhe ca. 100 cm, 'Blue Heaven', 'Blütenreigen' oder 'Ideal' bezaubern mit himmelblauen Blütenwolken, in denen Bienen vor Winterbeginn noch einmal so richtig schlemmen können.

Den Jahresabschluss bildet *A. lateriflorus*. 'Lady in Black' ist eine echte Besonderheit mit dunklem Laub, sie wächst allerdings breit ausladend und benötigt reichlich Platz. Ihre rosa oder weißen, bezaubernden Blüten verabschieden die Bienen in den Winter. Es gibt mehrere Züchtungen.

●●● **Weidenblättrige Scheinaster**

Akelei

Alant

Allium

Becherpflanze

Akelei (*Aquilegia*) Mehrere Natur- und Zuchtformen, von 20–50 cm, samt sich selbst aus, anspruchslos, hummelfreundliche Blüten, gelb, rosa bis dunkelblau, der langen Pfahlwurzel wegen Verpflanzung nur im Jugendstadium möglich. V–VI.

Alant (*Inula*) Viele verschiedene Arten, alle horstbildend. Der Schwertblättrige Alant, *I. ensifolia*, eine Ursprungsform, ist mit 30–40 cm auch für kleine Gärten geeignet, gelbe, margeritenähnliche Blüten, volle Sonne VI–VIII, trockenheits- und kalkverträglich. *I. orientalis*, auch Goldmargerite, blüht orangegelb VII–VIII, 50 cm. Der Echte Alant, *I. helenium*, wächst zur mächtigen Staude bis 2 m. Der Große Scheinalant, *Telekia speciosa*, ebenfalls Ursprungsform, blüht goldgelb VII–VIII, nährstoffreicher Boden, 160–180, sehr dekorativ. Alle sind Treffpunkt für Bienen, Hummeln und Schmetterlinge.

Allium (*Allium*) Unter dem Namen Zierlauch weniger geläufig, in seinen verschiedenen Erscheinungsformen einer der ganz großen Bienentreffpunkte. Hauptblütezeit V, ziemlich genau nach der Obstbaumblüte, wird von Bienen sofort entdeckt. Pflanzzeit der Zwiebeln im Herbst, im Frühling vor der Blüte düngen, Laub zieht bald ein, langjährig, kein Wühlmausschutz nötig. Vermehrung durch Samen möglich, bis zur Blüte dauert es allerdings 4–5 Jahre. Es gibt viele Züchtungen mit unterschiedlicher Höhe, Blütengröße und Blütezeit, der Bienentreffpunkt Trommelstöckchen-Lauch (*A. sphaerocephalon*) blüht z. B. erst VII.

Becherpflanze (*Silphium*), auch als Kompasspflanze geläufig. *S. laciniatum*, die „Durchwachsene Silphie“, wird bis 250 cm hoch, *S. perfoliatum* nur 150 cm. Vielzahl kleiner goldgelber Blüten VIII–IX, Bienenmagnet! Nahrhafter, durchlässiger, nicht zu trockener Boden, vollsonniger Standort, sehr hitzeverträglich, robust und mehrjährig. *S. perfoliatum* ‘Carnica’ wird nur 50–60 cm hoch. Die späte Blüte IX–X macht diese relativ neue, aus Österreich stammende Auslese für Bienen ganz besonders wertvoll.

Bergenie

Bergminze

Blaukissen

Blauer Stauden-Lein

Bergenie (*Bergenia cordifolia*) Anspruchslose Bienen- und Hummelweide für nährstoffreiche Böden, Halbschatten, zahlreiche Züchtungen, weiße, rosa bis rote Blüten, IV–V, 20–49 cm. Pflegeleicht, frosthart.

Bergminze, Steinquendel (*Calamintha nepeta*) Unzählige winzig kleine, weiße bis zartblaue Blütchen zur Begeisterung von Bienen und Schmetterlingen, VII–XI, Sonne, pflegeleichte Wildstaude für Steingarten, Dachbepflanzung, Beetrand, Balkon, anspruchslos. Besonders ergiebig ist die Züchtung 'Triumphator'.

Blaukissen (*Aubrieta × cultorum*) Wichtiger Frühlingsblüher für Bienen, Hummeln und Schmetterlinge. Bevorzugt humusarmen, eher steinigen Boden, polsterbildender Wuchs, Höhe 10 cm, kleine, aber viele blaue bis violette Blüten. Für Steingärten und Mauerbepflanzung, verträgt keine lange Trockenheit.

Blauer Stauden-Lein (*Linum perenne*) 'Nanum Saphir', mehrjährig, nährstoffarmer Boden, Höhe 20–30 cm, sonnig, hellblaue Blüten in Massen VI–VIII, Gruppenpflanzung empfohlen, zieht Bienen magisch an.

Bleiwurz (*Ceratostigma*) Außer der nicht winterharten Kübelpflanze (*Plumgago auriculata*) gibt es mit *Ceratostigma plumbaginoides* auch einen frostharten, kriechenden Bleiwurz mit leuchtend blauen Blüten VIII–X. Liebt trockene Böden, teppichartiger Wuchs, rote Herbstfärbung.

Bleiwurz

●●● **Blutweiderich**

●●● **Brandkraut**

●●● **Chrysantheme**

Blutweiderich (*Lythrum salicaria*) Heimischer Bienen- und Schmetterlingsmagnet! Straff aufrecht wachsend, lange, dunkelrosa bis violette Blütenrispen, VII–VIII. Feuchter, nahrhafter Boden, gut an Bachläufen und für sonnige Naturgärten. Mehrere Züchtungen, 60–180 cm.

Brandkraut (*Phlomis russeliana*) Interessant geformte gelbe Blüten, VI–VII, Höhe 80–100 cm, kommt mit eher trockenen, sandigen Böden zurecht; leider nicht nur bei Bienen, sondern auch bei Schnecken sehr beliebt.

Chrysantheme (*Chrysanthemum*) Die ungefüllt blühenden Züchtungen liefern Insektennahrung bis zum Frost. Sowohl *C.* × *hortorum* als auch *C. indicum* blühen auf nährstoffreichen, nicht zu trockenen, vor allem im Herbst vollsonnigen Standorten über Wochen hinweg. Frühjahrspflanzung empfohlen, Pflanzen bestocken sich langsam, 60–80 cm.

Diptam (*Dictamnus albus*) Herrlicher Zitronenduft bei der leisesten Berührung, rosa oder weiße Blüten V–VI, kalkhaltiger, nährstoffarmer Boden, vollsonnig, Höhe 50 cm, für Kiesgarten, langsame Entwicklung. Dekorativer Fruchtstand, Rückschnitt erst im Frühjahr, für Höhenlagen nicht geeignet. Giftig, Hautkontakt kann bei gleichzeitiger Sonnenbestrahlung zu verbrennungsartigen Symptomen führen.

●●● **Diptam**

Disteln

Kratzbürstige, aber faszinierende Bienen- und Schmetterlingsweiden! Einige Distelarten gelten als Unkraut, sind in der freien Natur jedoch selten geworden. Meistens nur zweijährig, vermehren sich aber leicht über Samen, die ein begehrtes Vogelfutter darstellen. Vollsonniger Standort, die meisten bevorzugen einen eher mageren Boden.

Artischocke (*Cynara cardunculus*), graues attraktives Laub, Höhe je nach Art ca. 150 cm, große lila Blütenstände, warmer Standort empfohlen, winterharte Züchtungen im Handel.

Edeldistel (*Eryngium*) Alle Mitglieder dieser Familie sind sensationelle Bienenweidepflanzen! 'Big Blue' blüht VII in leuchtendem Stahlblau, 80 cm, lange Blütezeit, eher trockener, warmer Standort, nahrhafter Gartenboden.

Elfenbeindistel (*Eryngium giganteum*), auch Elfenbein-Mannstreu, wirkt wie aus Silber getrieben, Spitzname „Miss Willmott's Ghost". Nur zweijährig, aber lange Blütezeit VII–VIII. Wunderschön für Kiesgarten oder Staudenpflanzung, Höhe ca. 70 cm *Eryngium planum*; der hübsche Kleine Mannstreu verzweigt sich und trägt viele kleine blaue Blütenkugeln, hervorragende Insektenweide, ca. 60 cm, nährstoffarmer, trockener Boden, vollsonnig.

Edeldistel

Eselsdistel (*Onopordum acanthium*) Gartenarchitektonisches Highlight bis gut 2 m Höhe, zweijährig, silbergraues Laub, Hintergrundpflanze im Staudenbeet, zahlreiche lila Blüten, Samen rechtzeitig entfernen, samt sich selbst aus, lange Sommerblüte, benötigt Platz.

Kugeldistel (*Echinops sphaerocephalus*) Fantastische Insektenweide! Ca. 100 cm, bevorzugt wie alle Disteln warme, trockene Standorte und nährstoffarme Böden. Blüte VII–VIII, Samen wird von Vögeln geliebt. Bei raschem Rückschnitt Nachblüte im Herbst. Starke Vermehrung über Bestockung, ab und zu teilen. Blüten blau, die Züchtung 'Arctic Glow' blüht weiß. Empfehlenswert ist auch die Blaue Kugeldistel, *E. ritro* 'Veitch's Blue', 60 cm, VII–IX. *E. bannaticus* blüht dunkelblau erst VIII–IX, besonders wertvoll.

Mariendistel (*Silybum marianum*) Wertvolle Heilpflanze, Höhe ca. 120 cm, grün-weiß geflecktes Laub, ein- bis zweijährig, nur für warme Lagen, etwas empfindlich. Attraktive dunkellila Blüten VII–VIII.

Wilde Karde (*Dipsacus fullonum*) Von distelähnlichem Äußeren, zweijährig, lila Blütenköpfe VII–VIII, 50–180 cm, Besuch von langrüsseligen Wildbienen, Hummeln und Schmetterlingen, hoher Nektarwert. Fruchtstand im Herbst stehen lassen, wichtige Winternahrung für Vögel, Raupenfutterpflanze.

●●● Duftnessel

●●● Dreimasterblume

●●● Ehrenpreis

●●● Eisenhut

Duftnessel (*Agastache*) Eine der wertvollsten Bienennährpflanzen des Staudenbereichs! Extrem anspruchslos, aber ausgesprochen dekorativ. Horstiger Wuchs, von Jahr zu Jahr mehr blaue Blütenkerzen, die kleinen Lippenblüten blühen VIII–IX nach und nach auf, von Bienen und Schmetterlingen begeistert frequentiert. Volle Sonne, guter Rosennachbar, für Hangbepflanzung geeignet, Staunässe vermeiden, trockenheitsverträglich. Empfehlenswert *A. rugosa* 'Blue Fortune', Höhe ca. 70 cm, als Gruppe besonders attraktiv ist 'Black Adder', blüht in einem dunkleren Blau. Schön für Naturgärten und interessant für ImkerInnen ist *A. foeniculum*, eine Naturform mit intensiv nach Anis duftenden Blüten, deren Nektar einen besonders aromatischen Honig ergibt. Viele Züchtungen.

Dreimasterblume (*Tradescantia*) Total unterschätzter Bienenmagnet, lange Blütezeit VI–IX, zwischendurch Rückschnitt. Lehmig-sandiger Boden, schön für sonnige Uferzone, horstiger Wuchs, je nach Züchtung 50–70 cm. Blütenfarben Blau, Lila, Rosa, Weiß.

Ehrenpreis (*Veronica*) Extrem insektenfreundlich, Hummel-Treffpunkt. *V. longifolia* 'Schneeriesin' hat lange weiße Blütenkerzen, 100 cm, 'Blauriesin', 80 cm hoch. Blüte VII–VIII, robust, horstbildend. Nährstoffreicher, eher trockener Boden, winterhart, windgeschützt pflanzen, viele Züchtungen. Extrem bienenfreundlich sind auch *V. spicata*, der Scheinährige Ehrenpreis. 'Blue Cadet' oder 'Purpleiciosus' mit lilarosa Blüten, gute Rosenbegleiter, ca. 40–50 cm, VI–VII. Alle schön als Gruppenpflanzung und für Naturgärten. Nachblüte möglich. Bis 150 cm erreicht *Veronicastrum* × *virginicum*, der Virginische Ehrenpreis. 'Faszination', purpurviolette Blüten.

Eisenhut (*Aconitum carmichaelii*) Extrem giftige Pflanze, bis 120 cm hoch, Blütezeit im Spätsommer, wichtige Hummelpflanze. Die intensiv blauen Blüten werden von Wildbienen sehr geschätzt. Auf Bergwiesen unter strengem Naturschutz!

Fackellilie

Färberkamille

Felberich

Felsenblümchen

Fingerhut

Fackellilie (*Kniphofia uvaria*) Nur für warme, sonnige und wintertrockene Standorte geeignet, je nach Züchtung orange bis gelbe Blütenstände, VII–VIII, Höhe 40–90 cm, horstbildend.

Färberkamille (*Anthemis tinctoria*) Exzellente Bienenweide! Heimisch, für trockene, heiße Standplätze, Boden steinig bis sandig. Goldgelbe Blütenmassen VI–VIII. Horstbildend, Rückschnitt nach der Blüte kräftigt die Pflanze.

Felberich (*Lysimachia*) Alle Arten locken als sogenannte Ölblumen Bestäuber statt mit Nektar mit Öl an. Der Goldfelberich, *L. puncata*, ist aus Bauerngärten gut bekannt, goldgelbe Blüten VII–VIII, 60–80 cm, anspruchslos, gut auch für feuchte Stellen. Der Schneefelberich, *L. clethroides*, blüht zur gleichen Zeit mit weißen, leicht überhängenden Blütenähren, rote Herbstfärbung, von Schmetterlingen gern besucht. *L. ciliata* 'Firecracker' hat attraktives, dunkelrotes Laub und gelbe Blüten, VI–VIII, 80 cm. Der Gilbweiderich (*L. vulgaris*), bis 150 cm, wächst auf feuchten Wiesen und Wasserrändern. Alle neigen etwas zum Wuchern und sollten mit Rhizomsperre gepflanzt werden. Zwei heimische Wildbienenarten sammeln ausschließlich die ölhaltigen Pollen der Lysimachien.

Felsenblümchen (*Draba bruniifolia*), auch Olymp-Felsenblümchen. Überzieht als eine der ersten Bienenweiden des Jahres bereits im März Mauerritzen mit flachen gelben Blütenpolstern. Wintergrün, verträgt Hitze und Trockenheit. III–IV.

Fingerhut (*Digitalis*) Giftig, aber vor allem bei Hummeln sehr beliebt, in Europa weit verbreitet. Am schönsten ist immer noch die zweijährige Naturform, *D. purpurea*, Höhe bis 130 cm, purpurrote Blütenstände, die langsam aufblühen, VI–VII, hoher Nektarwert. Kalkarmer, nicht zu trockener Gartenboden, Sonne–Halbschatten. Zahlreiche Züchtungen in herrlichen Farbkombinationen, einige davon bestocken sich auf günstigen Standplätzen. Durch Aussaat vermehrbar, Samen sollte frisch sein.

●●● **Flockenblume**

●●● **Frauenmantel**

●●● **Funkie**

●●● **Gänsekresse**

●●● **Gelenkblume**

Flockenblume (*Centaurea*) Die hübsche Wiesenflockenblume (*C. jacea*) blüht als Naturform auf Magerwiesen, lila Blüten mit hohem Nektarwert, VI–VII, 50–60 cm, eher trockener, humusarmer Boden. Aussaat möglich, unverzichtbarer Bestandteil einer Wildblumenwiese, Bienen- und Schmetterlingsmagnet, Raupenfutterpflanze. Für den Ziergarten geeignet ist die Kaukasus-Flockenblume, *C. dealbata*, 60–80 cm, VI–VII, Rückschnitt nach der Blüte bringt neuen Blütenansatz. Dominant mit gelben Blütenquasten ist die Riesen-Flockenblume, *C. macrocephala*, VI–VII, 120–150 cm. Sehr hübsch und ebenfalls von Insekten belagert ist *C. pulchra* 'Major', mit violettrosa Blüten, VII–VIII. Die echte Kornblume, *C. cyanus*, ist nur einjährig. Von der Blütenform her sehr ähnlich sieht ihr die Kornblumenaster, *Stokesia laevis*, die gut als kleine Gruppe ins Staudenbeet passt, aber etwas später blüht, VII–VIII, 30–40 cm.

Frauenmantel (*Alchemilla mollis*) Im Garten findet der Großblättrige Frauenmantel viel Verwendung, Heilwirkung hat aber nur *A. vulgaris*. Robust und pflegeleicht, Blüten grünlich gelb, V–VI. Nach dem Abblühen Blüten und Laub zurückschneiden, der neue Austrieb macht die Pflanze wieder dekorativ und hält bis zum Herbst. Samt sich sehr leicht aus. Unter den Blättern findet man oft die weißen Eigelege der Nacktschnecke.

Funkie (*Hosta*) Unzählige Züchtungen, weiße oder zartlila Blütenstände von 10–180 cm Höhe, VII, schattenverträglich, langlebig und horstbildend, benötigen Feuchtigkeit, sonst anspruchslos. Gute Kübelpflanzen, die kelchförmigen Blüten erhalten viel Hummelbesuch, vor Schnecken schützen.

Gänsekresse (*Arabis caucasica*) Polsterbildende Steingartenpflanze, bienenfreundliche weiße oder lila Blüten, IV–V, 15 cm, sonnig, magerer Boden.

Gelenkblume (*Physostegia virginiana*) Robust, zahlreiche Blütenähren in Weiß, Rosa, Blau, VII–IX, 80 cm, nährstoffreicher, nicht zu trockener Boden, empfindlich gegen Staunässe. Breitet sich aus.

●●● **Glockenblume**

●●● **Goldrute**

●●● **Herbstanemone**

Glockenblume (*Campanula*) Viele verschiedene Arten, 20–110 cm, unterschiedliche Ansprüche. Besonders blütenreich ist die Ausläufer bildende *C. portenschlagiana*, blüht VI und nach Rückschnitt im Herbst, 20 cm. Wertvoll für Insekten *C. poscharskyana*, kriechender Wuchs. Die zarte Wiesenglockenblume, *C. patula*, ist nur eine von vielen Wildformen. Die im Bauerngarten unverzichtbare Marienglockenblume, *C. medium*, ist nur zweijährig. *C. lactiflora* blüht in großen Horsten VII–VIII, 110 cm, etwas frostempfindlich. Im Wildgarten wunderschön wirkt die Pfirsichblättrige Glockenblume, *C. persicifolia*. Mehr Effekt macht die Knäuelglockenblume, *C. glomerata*, IV–VII, 30–40. Die österreichische Züchtung 'Sarastro' trägt extrem große, dunkelblaue Glocken. Blütenfarbe ist meistens Blau, seltener Weiß oder Rosa. Durch ihr hohes Nektar- und Pollenangebot ziehen Glockenblumen vor allem Wildbienenarten an, die bei schlechtem Wetter gern auch in den Glocken übernachten.

Goldrute (*Solidago*) Nur *S. canadensis* zählt zu den geächteten Neophyten, aber großartige späte Bienenweide! Für den Zier-, Natur- und Bauerngarten gibt es reich blühende Züchtungen, VIII–X, Höhe 70–100 cm. *S. × cultorum* 'Strahlenkrone' blüht üppig goldgelb, VIII–IX, 70 cm. *S. rugosa* – Züchtungen wie 'Fireworks' haben schwächeres Wachstum, 60–70 cm, VII–X. Alle anpassungsfähig, nicht düngen, Blütenstände vor der Samenreife abschneiden! Die Ausdehnung durch Rhizome kann man im Garten mechanisch leicht unterbinden. Die **Echte Goldrute** (*S. virgaurea*) ist in Europa heimisch, Höhe bis 100 cm, wächst mehrjährig auf mageren Wiesen und Waldrändern, begehrte Bienenweide, Blütezeit VII–X. Sie ist kein unerwünschter Neophyt, sondern eine wertvolle Heilpflanze.

Herbstanemone (*Anemone*) Wunderschöner Spätsommer- und Herbstblüher, bevorzugt leicht sauren, humusreichen, nicht zu trockenen Boden, Halbschatten, bei genügend Feuchtigkeit auch sonnig. Blütezeit je nach Züchtung VIII–X. Berühmt und wüchsig *A. japonica* 'Honorine Jobert', weiße Blüten, 80 cm, schön in Gruppenpflanzung, *A. tomentosum* 'Robustissima' blüht mit großen rosa Schalenblüten, 130 cm, *A. hupehensis* 'Septembercharme'

Indianernessel

Iris

Jakobsleiter

Kaschmirdolde

breitet sich horstartig aus, 70–80 cm. Besonders spät, X–XI, blüht 'Königin Charlotte' mit extrem großen Blüten. Die meisten Züchtungen haben kein allzu dominantes Laub, daher leicht zu integrieren.

Indianernessel (*Monarda*) Nährstoffreicher, nicht zu trockener Boden, sonst Gefahr von Mehltau. *M. didyma*, die Goldmelisse oder Bienenbalsam, ist im Bauerngarten unverzichtbar, rote Blüten VII–VIII, 60–70 cm. Dekorativ *M. fistulosa*-Züchtungen, Blüten rosa bis violett, Überaus anziehend für Bienen, Hummeln und Schmetterlinge. Stiele neigen zum Verkahlen, nicht als Vordergrundpflanze verwenden.

Iris (*Iris*) Die hohe Bartiris (*Iris germanica*) liebt trockene, nährstoffarme, aber kalkreiche Böden, herrliche Züchtungen in allen Farbvarianten, aber nach der Blüte extrem unansehnlich, daher zur Ablenkung attraktive Nachbarn pflanzen, die ebenfalls trockenheitsliebend sein sollten, da die Rhizome der Iris leicht faulen, 40–80 cm. Unzählige Züchtungen, viele verschiedene Arten. *Iris pseudacorus* mit gelben Blüten steht gern am Wasserrand, Blüte V–VI, ebenso *I. ensata*, die Japanische Iris, beide bevorzugen kalkfreie Böden. *I. danfordiae*, *I. reticulata* und andere blühen extrem früh, nur 20–30 cm hoch, und gelten als wertvolle Hummel- und Bienenweiden.

Jakobsleiter (*Polemonium caeruleum*) Für Staudenpflanzung oder naturnahe Gärten. Aufrecht wachsend, verschiedene Züchtungen, 60–70 cm, durchlässiger Boden, VI–VII, winterhart und unkompliziert, neutraler, nährstoffreicher, nicht zu trockener Boden. Intensiv blaue Blüten, die nektar- und pollenreich sind. Verblühtes ausputzen, gute Nachblüte. Rückschnitt erst im Frühjahr, kann nach einigen Jahren geteilt werden.

Kaschmirdolde (*Selinum wallichianum*), auch Feinblättrige Silge, Höhe bis 100 cm, rote Stängel, weiße, ausladende Blütendolden, die Bienen anlocken. Boden leicht sauer, kann sumpfig sein, schön für Wasserrand, Natur- oder Kiesgärten.

Katzenminze

Kokardenblume

Königskerze

Leinkraut

Katzenminze (*Nepeta*) Riesenfülle von Züchtungen, alle sind extrem nektarreiche Bienen- und Schmetterlingsmagneten, Blüte VI–VII, bei Rückschnitt Nachblüte im Herbst. Am schönsten sind sicher die blaublütigen Katzenminzen, empfehlenswert *N. faassenii* 'Walker's Low', *N. grandiflora* 'Bramdean' oder die dunkelblau blühende *N. kubanica*. Mäßig nährstoffreicher, eher trockener Boden, volle Sonne. Es gibt auch weiß oder rosa blühende Züchtungen. Besonders früh, IV–V, blüht *N. racemosa* 'Superba'. Gruppenpflanzung empfohlen.

Kokardenblume (*Gaillardia*) Dauerblüher für nährstoffreichen, eher sandigen Boden, beste Bienenweide, schön im sonnigen Staudenbeet, zahlreiche Züchtungen von 20–80 cm Höhe, Rückschnitt nach der ersten Blühphase, Hauptblüte VI–VIII. In kalten Gegenden Winterschutz.

Königskerze (*Verbascum*) Liebt vollsonnige Standorte mit magerem Boden, hitze- und trockenheitsverträglich, stellt sich oft von selbst im Garten ein. Meistens zweijährig, samt sich aus, lange Pfahlwurzel. Viele Arten und Züchtungen, 50–200 cm, Unmengen von zumeist gelben, bei Bienen und Schmetterlingen begehrten Blüten an hohen Blütenständen. Die Prachtkönigskerze, *V. speciosum*, trägt nur Pollen. *V. nigrum*, die heimische Schwarze Königskerze, hat einen stark verzweigten Blütenstand, schön für Naturgärten. Nahrungspflanze für Schmetterlingsraupen. Dekorativ in Einzelstellung ist die Kandelaber-Königskerze (*V. olympicum*) mit 2 m Höhe, fast ebenso hoch wird die Großblütige Königskerze (*V. densiflorum*), wertvolle Heilpflanze, ebenso wie *V. thapsus*, die Kleinblütige Königskerze. Es gibt auch Zuchtformen mit rosa Blüten.

Lavendel siehe Kapitel Kräuter

Leinkraut (*Linaria vulgaris*) Mehrjährig mit kräftigem Wurzelstock, blüht im Naturgarten bis in den späten Herbst. Spezialisierte, gelbweiße, rosa oder violette Blüten, nur Hummeln und wenige andere Insekten vermögen den Nektarvorrat zu erreichen und die Bestäubung durchzuführen. Samt sich aus.

Lerchensporn (*Corydalis*) Wertvoller Bodendecker, Halbschatten, leicht saurer, nicht zu trockener Boden bevorzugt. *C. lutea* blüht gelb, *C. flexuosa* 'China Blue' trägt üppige blaue Blütenfülle, beide IV–V. *C. ochroleuca* blüht reich und lang mit weiß-gelben Blüten, alle 20–40 cm. Selbstaussaat, wertvolle Insektenweide, Raupenfutterpflanze.

Lichtnelke (*Silene*) Begehrt bei allem, was fliegt, auch Raupennahrung. Viele Arten für unterschiedlichste Verwendung. Tiefrot blüht V–VI im Bauerngarten die Brennende Liebe (*S. chalcedonica*), im Naturgarten unverzichtbar ist die Kuckucks-Lichtnelke (*S. flos-cuculi*), für Steingärten oder zur Dachbepflanzung *S. schafta* 'Splendens', das mit Trockenheit zurechtkommende, sehr winterharte Herbst-Leimkraut. Einmal im Garten, immer im Garten, könnte man von der Kronen-Lichtnelke, auch Vexiernelke, *S. coronaria*, sagen, sie gilt als eine unserer ältesten Bauerngartenpflanzen. Zweijährig, 30–40 cm, samt sich auf jedem Boden aus, blüht V–VIII, graugrünes Laub. Aufallender ist *S. × arkwrightii* 'Vesuvius' mit orangeroten Blüten.

Ligularie (*Ligularia*), auch Goldkolben. Herrliche Blattschmuckstaude und Bienenmagnet für nicht zu kleine Gärten, nahrhafter, eher feuchter Boden, auch Halbschatten, winterhart. Der Rotblättrige Straußgoldkolben, *L. dentata*, punktet mit attraktivem dunklem Laub, goldene Blüten VII–IX. *L. przewalskii* erreicht 130 cm, auch für den Wasserrand geeignet, kann auf guten Standorten im Lauf der Zeit ziemlich ausladend werden.

Lilien (*Lilium*) Die Zwiebeln stellen leider für Wühlmäuse Leckerbissen dar, am besten in aus Hasendraht geformten Schutzkörben pflanzen. Sie haben keine Außenhaut, daher möglichst rasch einpflanzen. Unterschiedliche Pflanzzeit, vorwiegend im Spätsommer. Trompetenlilien, z. B. Königslilie und Madonnenlilie, benötigen kalkhaltige Böden, Orientalische Hybriden, z. B. 'Stargazer', gelten als Diven unter den Lilien, leicht saurer Boden, vertragen keinen Kalk. Frei ausgepflanzt nur für warme Gegenden, etwas frostempfindlich, gut geeignet für Topfkultur, VII–VIII. Asia-Hybriden eignen sich ebenfalls für die Topfkultur, tolerieren alle Gartenböden, auch halbschattige Standorte. Manche Züchtungen werden bis 2 m hoch.

••• **Lerchensporn**

••• **Lichtnelke**

••• **Ligularie**

••• **Lilien**

●●● Lungenkraut

●●● Lupine

●●● Mädchenauge

●●● Mädesüß

Lungenkraut (*Pulmonaria officinalis*) Treibt früh aus, Blüte IV–V, silbern geflecktes, lange attraktives Laub, viele Zuchtformen, Höhe 20–40 cm. Nahrhafter, leicht saurer Boden, Halbschatten, bei Hummeln beliebt. Blüten verfärben sich nach der Befruchtung von Rosa auf Blau.

Lupine (*Lupinus polyphyllus*) Viele Züchtungen in den unterschiedlichsten Farben. Originalfarbe Blau, bei den mehrfarbigen handelt es sich um Hybriden. Lassen sich einfach aussäen, Blüte aber erst im nächsten Jahr, VI–VII, bei Rückschnitt manchmal Nachblüte. Vermehrung durch Stockteilung möglich. Boden tiefgründig, da lange Pfahlwurzel, eher lehmig bis sandig. Für Staudenbeete, Bauerngärten oder zur Hangbefestigung. Bestäubung vorwiegend durch Hummeln.

Mädchenauge (*Coreopsis*) Dauerblüher vo cm, nahrhafter, lockerer Boden, kissenartiger Wuchs, Verblühtes ausputzen, für den Beetvordergrund. Besonders große Blüten trägt *C. grandiflora* 'Sonnenkind'.

Mädesüß (*Filipendula*) Das weiß blühende Sumpf-Mädesüß (*F. ulmaria*), 100–120 cm, VII–VIII, ist eine heimische Wildstaude und Heilpflanze für Bach- und Teichränder. Kein Nektar, aber gutes Pollenangebot. *F. purpurea*, das Rotblühende Mädesüß, ist eine Attraktion im Staudenbeet, VII–VIII, 80–100 cm, hinreißend in Kombination mit Crocosmien.

Malve (*Malva alcea*) Die Ursprungsart mit vielen lilarosa Blüten, auch Rosenmalve, passt in Naturgärten, blüht den ganzen Sommer über, 80–100, samt sich aus. *M. rosea*, die beliebte Stockrose, wird bis 200 cm hoch, unverzichtbar im Bauerngarten, eher trockener, windgeschützter Standort, lange Pfahlwurzel, daher tiefgründiger Boden. 'Nigra' blüht mit schwarzroten Blüten, Zuchtformen haben zumeist gefüllte Blüten in allen Farbstellungen. Als heimisch gilt die Moschus-Malve (*M. moschata*), mehrjährig, lilarosa Blüten VI–VIII. Dekorativ

●●● **Malve**

●●● **Margerite**

●●● **Meerkohl**

●●● **Mittagsblume**

und balkongeeignet ist auch *M. sylvestris*, die Wilde Malve, mit vielen Züchtungen wie 'Primley Blue', 50–80, kleine lavendelblaue Blüten. Mit unzähligen blauen Blüten bezaubert 'Marina', Höhe 100 cm, den ganzen Sommer hindurch. Wunderschön ist die Präriemalve 'Elsie Heugh', (*Sidalcea malviflora*), 80–90 cm, für nicht zu trockene, sonnige Gartenplätze. Für Einzelstellung eignet sich die dekorative Buschmalve, *Lavatera × olbia* 'Burgundy Wine', 120–150, mit dunkelroten Schalenblüten VII–X. Einige Malven sind mehrjährig, andere nur zweijährig, können sich auf günstigen Standorten aber bestocken. Mehltau- und Malvenrost-Prophylaxe bereits vor und nach dem Austrieb durch öfteres Übergießen bzw. Besprühen der Unterseite mit stark verdünnter Milch.

Margerite (*Leucanthemum vulgare*) Unverzichtbar für Blumenwiesen oder Wildblumengärten. Aussaat im Frühjahr auf abgemagerte Böden, mehrjährig, winterhart, samt sich selbst aus, nicht zu früh schneiden! Verwandt mit der Großblumigen Margerite (*L. × superbum*), nährstoffreicher Boden. Empfehlenswerte Züchtung 'Gruppenstolz'. Höhe 50 cm. Ebenfalls ein Korbblütler und folglich bienenfreundlich ist die Bunte Margerite (*Tanacetum coccineum*), 50–90 cm, nährstoffreicher Boden. Die Goldmargerite (*Buphthalmum salicifolium*), auch als Ochsenauge bezeichnet, blüht von VI–VIII mit goldener Blütenfülle, kalkhaltiger Boden, winterhart, schön als Gruppe. Alle Margeriten lieben volle Sonne.

Meerkohl (*Crambe cordifolia*), auch Riesenschleierkraut. Der Bienenmagnet schlechthin! Ursprungsart, tiefgründiger Boden, da starke Pfahlwurzel, Höhe Pflanze ca. 50 cm, Blütenstiel mit riesiger Fülle kleiner weißer Blüten bis 160 cm. Für Einzelstellung oder in Naturgärten, benötigt mindestens 1 m^2 Platz. Etwas kleiner ist der Küstenmeerkohl (*C. maritima*), mit essbaren Blättern, liebt sandigen, humusarmen Boden, Staunässe vermeiden.

Mittagsblume (*Delosperma cooperi*) Für sehr heiße Mauernischen, evtl. frostfrei überwintern. Fantastische Blüten, die sich am Nachmittag wieder schließen. Höhe 5–10 cm, polsterbildend.

Mohn

Montbretie

Mutterkraut

Mohn (*Papaver*) Nur einjährig ist der Klatschmohn, *P. rhoeas*, der sich auf kalkreichen Böden selbst aussamt, dabei aber wandert, da er keinen Konkurrenzdruck erträgt. Pionierpflanze, rote einfache Blüten VI–VII, kein Nektar, aber begehrter schwarzer Pollen. Vom mehrjährigen, großblütigen *P. orientalis* gibt es zahlreiche Züchtungen mit weißen, rosa, roten oder violetten Blüten, 50–80 cm. Die Pflanze zieht nach der Blüte ein, Pflanzstelle unbedingt markieren, da man sie sonst versehentlich überpflanzt. Im Herbst entwickelt sich wieder ein wintergrüner Blattschopf, der im nächsten Jahr abermals blüht. Der Anbau des einjährigen Schlafmohns, *P. somniferum*, ist mancherorts verboten, VI–VII, alte Bauerngartenpflanze. Einjährig ist auch der Goldmohn (*Escholzia californica*), hübscher Sommerblüher für sonnige Plätze mit nahrhafter Erde. Im Frühling an Ort und Stelle aussäen, Blüten VI–X in kräftigem Orange. Auf schattigen, kalkarmen Gartenplätzen samt sich der hübsche Japanische Waldmohn (*Hylomecon japonicum*) immer wieder selbst aus, 20–30 cm, gelbe Blüten, Dauerblüher.

Montbretie (*Crocosmia*) Wächst aus kleinen braunen Knöllchen heraus, die sich von Jahr zu Jahr vermehren, wird im Spätsommer oft blühend angeboten. Gruppenpflanzung ergibt schönes Gartenbild. Höhe je nach Züchtung 60–100 cm, besonders dominant wird 'Lucifer', leuchtend rotorange Blüten, VII–IX, es gibt auch niedrigere Züchtungen mit gelben Blüten. Nicht alle sind gleich winterhart. Im Spätherbst Blattschopf zusammenbinden, Pflanzstelle mit Kompost oder Erde abdecken. Hoher Nährstoffbedarf.

Mutterkraut (*Tanacetum parthenium*) Muss nur einmal gepflanzt werden, Samen verteilt sich dann von selbst über den Garten, ist aber nicht aufdringlich. Hübsche weiße Blüten mit goldener Mitte, 50 cm, anspruchslos, auf jedem Gartenboden. Die gefüllte Variante ist weniger bienenfreundlich. Unverzichtbar für den Bauerngarten. *Thanacetum vulgare* s. Rainfarn.

Nachtkerze

Nachtviole

Natternkopf

Nelke

Nachtkerze (*Oenothera*) Hervorragende Bienenweide, zieht besonders Nachtfalter an. Die Polster-Nachtkerze, *O. macrocarpa*, 20–2 cm, bevorzugt sandig-trockenen Gartenboden, schön auch im Steingarten. *O. tetragona* erreicht ca. 70 cm, große gelbe Blüten von kurzer Blühdauer, aber überaus reich aus zahlreichen Knospen VII–IX nachblühend, viele verschiedene Arten. *O. fruticosa*, die Rotstängelige Nachtkerze, Blütenhöhe ca. 70 cm. Alle vermehren sich durch Samenflug, besiedeln gern sonnige Ruderalflächen und Straßenränder.

Nachtviole (*Hesperis matronalis*) Bei uns heimische Bauerngartenpflanze, zweijährig, im Frühsommer aussäen, wenn möglich an Ort und Stelle. Sät sich im Folgejahr selbst aus. Zahlreiche lilablaue Blüten V–VI, 80 cm, mittlerer Nektarwert, schön auch für Naturblumenwiesen, viel Schmetterlingsbesuch. Zwecks besserer Standfestigkeit als Gruppe pflanzen.

Natternkopf (*Echium vulgare*), auch Blauer Heinrich, zweijährig, samt sich selbst aus. Besiedelte als Pionierpflanze einst in ganz Mitteleuropa trockene Böschungen und Bahndämme, jetzt wieder hoch begehrte Trachtpflanze für Wildblumenwiesen oder Kiesgärten. Wertvoll für Imker, bis zu 80 cm hohe blaue Blütenkerzen, die sich nach und nach öffnen. Von VI–VIII hervorragende Nektarquelle, Treffpunkt von Wildbienen und Schmetterlingen, Gruppenpflanzung empfohlen. Als Raublattgewächs verwandt mit Beinwell, Lungenkraut und Vergissmeinnicht, die alle von Bienen geliebt werden, aber auch mit dem bei uns nur als Kübelpflanze zu haltenden, ebenfalls zweijährigen *Echium candicans*, dem bis zu 2 m hoch werdenden, nicht winterharten 'Stolz von Madeira'.

Nelken (*Dianthus*) Es gibt unzählige Nelkenarten, bienenfreundlich sind vor allem Polsternelken, wie die Heidenelke (*D. deltoides*) die Pfingstnelke (*D. gratianopolitanus*) oder die rot blühende Karthäusernelke (*D. carthusianorum*) alle für Steingärten mit kalkhaltigem Boden geeignet. Blütezeit V–VI. Gute Nektarlieferanten für langrüsselige Arten, bekommen viel Schmetterlingsbesuch. Nach der Blüte ausputzen, dann zumeist Nachblüte.

●●● **Nieswurz**

●●● **Ochsenzunge**

●●● **Palmlilie**

●●● **Prachtscharte**

Nieswurz (*Helleborus*) Extrem früh, gleich nach der Schneeschmelze, meldet sich die Christrose (*H. niger*) mit strahlend weißen Blüten, bevorzugt kalkreichen Boden. Etwas später, dafür über Wochen hinweg, blühen die Lenzrosen (*H.* × *orientalis*). Nicht zu trockener, humusreicher Boden im Halbschatten, Laub erst im Frühjahr abschneiden, wenn das neue Laub nachtreibt. 15–30 cm. Wichtige frühe Hummelnahrung.

Ochsenzunge (*Anchusa*) Bienen fliegen auf Blau und kommen an dieser mit dem Borretsch verwandten Pflanze nicht vorbei! Auch für Schmetterlinge interessant. V–VI, bis 70 cm, gut für trockene, kalkreiche Böden, auch Kiesgarten. Empfehlung *A. azurea* 'Loddon Royalist'. Gruppenpflanzung empfohlen, da als Einzelpflanze wenig standfest.

Palmlilie (*Yucca filamentosa*) Besonderheit für extrem trockene, vollsonnige, windgeschützte Stellen im Garten, zur Blütezeit sehr dekorativ, imposanter weißer Blütenstand bis 120 cm, lange Blühphase VII–VIII, viel Insektenbesuch, nach der Blüte abtrocknen lassen, dann herausziehen. Graugrüner Blattschopf ca. 50 cm, benötigt Freiraum. Pfahlwurzler, tiefgründiger, eher sandig-steiniger Boden, kalkliebend, kaum düngen. Frosthart, beste Pflanzzeit aber erst Ende Mai, nach den Eisheiligen, zum Einwachsen regelmäßig wässern. Blüte frühestens ab dem 2. Standjahr. Bei richtiger Kultur langlebig.

Prachtscharte (*Liatris spicata*) Aus einem grasartigen Blattschopf treibt eine Fülle ca. 80 cm hoher Blütenkerzen, an denen sich VI–VII zur Freude von Bienen und Schmetterlingen lila Blüten an zahlreichen Kerzen von bis zu 100 cm Höhe langsam von oben nach unten öffnen. Nahrhafter, kalkhaltiger Boden, sonnig, aber nicht zu trocken, Staunässe vermeiden.

Pfingstrose (*Paeonia*) Im Handel sind zumeist für Bienen uninteressante, gefüllt blühende Züchtungen, es gibt aber auch sehr attraktive ungefüllt blühende mit reichem Pollenangebot. Bereits Mitte V blüht die Strauch- oder Baumpaeonie, *P. suffruticosa*, die ihres frühen

●●● **Pfingstrose**

●●● **Phlox**

●●● **Rainfarn**

●●● **Rittersporn**

Austriebs wegen fast immer gegen Spätfröste geschützt werden muss. Im Lauf der Jahre verholzt sie zu einem kleinen Baum und trägt von Jahr zu Jahr mehr Blüten. So gut wie heimisch ist unsere Bauernpfingstrose, *P. officinalis*. Sie treibt, so wie *P. lactiflora*, alljährlich aus dem Boden neu aus. Pfingstrosen wünschen sich einen sonnigen Standort und nahrhaften, nicht zu sehr austrocknenden Boden. Im Lauf der Jahre können sie ziemlich dominant werden, man kann sie aber notfalls im Spätherbst teilen. Möglichst selten verpflanzen, oft stellen sie sonst für ein Jahr die Blüte ein. Die ungefüllten Blüten sind aufgrund ihres Pollenreichtums ein Tummelplatz für Bienen, Hauptblütezeit V.

Phlox (*Phlox*), auch Flammenblume. Große Palette verschiedener Arten und Züchtungen, unverzichtbar im Bauerngarten. Polsterbildend *P. douglasii* für Steingärten, Blüte IV–V, viele Farben. Sommerphlox, *P. paniculata*, in unzähligen Farbvarianten, VII–IX, Höhe 50–80 cm, nährstoffreicher, nicht zu trockener Boden, nicht zu pralle Sonne, ab und zu teilen und auf frischen Boden verpflanzen. Hohe Sorten neigen zum Verkahlen der Stiele, daher besser als Hintergrundpflanze verwenden. Gegen Mehltau beim Austrieb mit verdünnter Milch gießen.

Rainfarn (*Tanacetum vulgare*) Pionierpflanze, heimische Wildstaude für magere, trockene Böden, knallgelbe Blüten, 60–80 cm, VII–IX. Ganze Pflanze exzellent für pflanzenschützende Tees und Jauchen, z. B. gegen den Dickmaulrüssler, Treffpunkt vieler Insekten.

Rittersporn (*Delphinium*) Die Riesen des Staudenbeets mit herrlichen Blütenkerzen in Blautönen, weiß und rosa. Züchtungen mit ungefüllten Blüten sind bienenfreundlich. Liebt sehr nahrhafte, leicht kalkhaltige Böden in windgeschützter Lage. Alle Arten müssen gestützt werden und sind giftig. *D.* Belladonna-Hybriden verzweigen sich, Höhe bis 80–120 cm, in herrlichem Blau blüht 'Piccolo'. Sehr empfehlenswert *D. grandiflorum* 'Summer Nights', 60 cm, enzianblaue, lange haltbare Blüten, robuster Hummelmagnet. Die Pacific-Riesen, bis 180 cm hoch, gelten als weniger winterhart. Blütezeit VI–VII, nach der Blüte zurückschneiden, meistens Nachblüte.

Salbei

Skabiose

Schaublatt

Scheinsonnenhut

Rudbeckie siehe Sonnenhut

Salbei (*Salvia*) Extrem wertvolle Insektenfutterpflanze, VI–VII, Nachblüte bei einigen Züchtungen, z. B. *S. nemorosa* 'Caradonna' oder 'Blauhügel'. Ein Bienenmagnet ist auch *S. verticillata* 'Purple Rain', der Quirlblütige Salbei, 30–60 cm, lange Blütezeit, V–IX, steinreicher, magerer Boden, verträgt Trockenheit. In Gruppenpflanzung attraktiv sind die einjährigen Salbeiarten, z. B. der Mehlsalbei (*S. farinacea*), Blütenfarben von Weiß bis intensiv Blau. Der zweijährige Muskatellersalbei (*S. sclarea*) mit 60–70 cm hohen perlmuttfarbenen Blüten, VII–VIII, hat extrem Insektenbesuch, er samt sich aus.

Skabiose (*Scabiosa*) Viele verschiedene Züchtungen, Blütenfarben Weiß, Lilarosa, Blau, 30–60 cm, lange Blühdauer VI–IX, nährstoffreicher Gartenboden. Gute Insektenweide, von Schmetterlingen viel besucht, besonders *S. caucasica* 'Perfecta' mit ungefüllten blauen Blüten.

Schaublatt (*Rodgersia*) Mehrere Züchtungen, durchweg großlaubig, extrem starke Wurzeln, die im Lauf der Jahre mit jedem Unkraut fertig werden. VI–VII, bis 100 cm hoher Blütenstand weiß bis rosa, schattenverträglich, humusreicher Boden. Besonders schön 'Chocolate Wings'.

Scheinsonnenhut (*Echinacea*), auch Igelkopf. Extrem begehrt von Bienen, Hummeln und Schmetterlingen, verträgt viel Sonne. Züchtungen in zahlreichen Farben, nicht alle sind langlebig. Als winterhart gilt die sogenannte „Purpurea-Gruppe“. Klassiker ist nach wie vor *E. purpurea* 'Magnus' mit großen dunkelrosa Blüten VII–VIII. Erst im Frühjahr zurückschneiden, Wurzelbereich im Herbst mit Kompost abdecken, 70–100 cm. Sonniger Standort mit nährstoffreichem, nicht zu trockenem Boden.

Sedum (*Sedum*), extrem variantenreiche Pflanzenfamilie für unterschiedlichste Verwendungszwecke, alle sind robust, genügsam, trockenheitsverträglich, benötigen keinen Dünger, aber viel Sonne und werden von Bienen geliebt. Viele sind Überlebenskünstler wie der als

Sedum

Schafgarbe

Scheinwaldmeister

Seifenkraut

Bodendecker zur Dachbegrünung eingesetzte, gelblich grün blühende **Scharfe Mauerpfeffer** (*S. acre*). Sehr empfehlenswert *S. spurium*, das Teppich-Fettblatt, 'Fuldaglut' oder 'Summer Glory', 10–15 cm, leuchtend rote Blütenmassen VI–VIII. Ideal für Steingärten auch *S. cauticola*, polsterbildend. Das im Volksmund als „Fette Henne" bezeichnete *S. telephium* 'Herbstfreude' ist sehr wüchsig, blüht VII–XI, samt sich aus. Schön sind auch die Arten mit dunkelrotem Laub, wie *S.* 'Matrona', Höhen je nach Züchtung bis 60 cm, vor allem die bis in den Spätherbst blühenden Sedumarten sind unverzichtbare Bienenweiden und Schmetterlingstreffpunkte.

Schafgarbe (*Achillea millefolium*) Eine der besten Pflanzen für trockene, steinige Standorte, viele Züchtungen, weiß, rosa bis kirschrot oder gelb bis terracottabraun blühend, anspruchslos. Horstbildung, gelegentliche Teilung empfohlen, lange Blühdauer, VI–IX, Höhe je nach Züchtung 60–80 cm. Die weiß blühende, wild vorkommende Wiesenschafgarbe ist eine altbewährte Heil- und Räucherpflanze, schön für Naturgärten. *A. filipendulina* 'Coronation Gold' blüht in großen goldgelben Dolden, Höhe 90 cm, sehr robust und winterhart, schön im Bauerngarten, samt sich selbst aus. Gruppenpflanzung für alle Schafgarben empfohlen, da dadurch bessere Optik und Standfestigkeit. Als teeartiger Aufguss fördert insbesondere die heilkräftige Wiesenschafgarbe die Rotte im Komposthaufen und ist wichtiger Bestandteil von pilztötenden Schönheitstees für Rosen.

Scheinwaldmeister (*Phuopsis*) Hübscher Bodendecker, Unterpflanzung für den Gehölzrand, die lilarosa Blütenbällchen werden von Bienen geliebt, VI–VII. Höhe ca. 20 cm, sandig-lockerer, neutraler Boden, pflegeleicht, nicht zu pralle Sonne, schön für Naturgärten. Der echte Waldmeister bevorzugt Schatten und leicht sauren Boden.

Seifenkraut (*Saponaria ocymoides*) Unverzichtbar für Steingarten und Dachbegrünung, lilarosa Blütenfülle V–VI, polsterbildend, Höhe 25 cm, pflegeleicht.

Sonnenauge

Sonnenblume

Sonnenbraut

Sonnenhut

Sonnenauge (*Heliopsis*) Gehört wegen seiner Anspruchslosigkeit, Frosthärte und Robustheit zu den traditionellen Bauerngartenpflanzen. Es ist nicht besonders standfest und sollte, wie die meisten sommerlichen Prachtstauden, rechtzeitig eine Stütze bekommen, dann trotzt es Unwettern bis in den späten Herbst hinein. Empfehlenswerte Züchtungen sind *H. helianthoides* 'Summer Nights' oder 'Spitzentänzerin', beide ca. 130 cm, ungefüllte, für Bienen wertvolle Blüten.

Sonnenblume (*Helianthus*) Außer der bekannten einjährigen Sonnenblume, *H. annuus*, gibt es auch mehrjährige, standfeste Staudensonnenblumen mit gefüllten und ungefüllten Blüten. Extrem bienenfreundlich blüht von VIII–X mit zitronengelben, einfachen Blüten *H. microcephalus* 'Lemon Queen', 150 cm hoch. Topinambur, *H. tuberosus*, blüht von IX–XI, wertvolle Bienenweide, bildet essbare Knollen, bis 3 m. Sehr ausdehnungsfreudig, daher allenfalls mit Wurzelsperre pflanzen. Bei den einjährigen Sonnenblumen bekommt auch die gefüllt blühende Variante Bienenbesuch.

Sonnenbraut (*Helenium*) Unverzichtbarer Herbstblüher und Bienenmagnet im Staudenbeet, Höhe je nach Züchtung 70–150 cm, gelbe, orange bis braunrote Blüten VII–IX. Durch die relativ späte Blütezeit von August bis Oktober als Nahrungsquelle für Insekten unverzichtbar. Nahrhafter, eher lehmiger und nicht zu trockener Boden, sonst Neigung zum Verkahlen der unteren Blätter. Sehr winterhart und robust, Vermehrung durch Bestockung.

Sonnenhut (*Rudbeckia*) Robuster, sonnenverträglicher Spätsommerblüher. Früher *R. fulgida* 'Goldsturm' viel in Verwendung, jetzt viele neue Züchtungen. Dekorativ, mit 2–3 m Höhe aber nur für große Gärten geeignet, sind *R. maxima* oder *R. nitida* 'Herbstsonne'. Etwas zarter *R. missouriensis*, insektenfreundliche gelbe Blüten, VII–IX, 60 cm, als Präriepflanze auch für extrem heiße, trockene Standorte geeignet. Die großblumigen Rudbeckien in attraktiven Farbstellungen sind zumeist nicht winterhart. Nur zweijährig, zur langen Blütezeit aber von einem einzigartigen, rot-gelben Farbenspiel ist die eher kleinblütige *R. triloba* 'Prärie Glow', als Massenpflanzung von extremer Wirkung, von Wildbienen geliebt.

Spornblume (*Centranthus*) Eine der genügsamsten Pflanzen, liebt steinige, magere, eher kalkhaltige Böden und wächst aus jeder Mauerritze. Samt sich aus, bodennaher Rückschnitt nach der ersten Blüte empfohlen, damit keine zu starke Ausbreitung erfolgt, treibt dann rasch wieder aus. Erste Blüte VI–VII, zweite Blüte im Herbst, Blütenfarben Rosa, Lilarosa, Weiß. Frosthart, ausdauernd, tief reichende Pfahlwurzel. Trockenheitsverträglich. Höhe ca. 50 cm. Von Bienen aller Art, aber auch vom Taubenschwänzchen gern besucht, besonders attraktiv als Gruppenpflanzung.

Steinkraut (*Alyssum saxatile*) bildet große gelbe Blütenpolster, IV–V, anspruchslos, aber gute Bienenweide, Boden steinig-kiesig, gut für Steingärten und Dachbegrünung, nicht immer winterhart. *A. maritimum*, auch *Lobularia*, bildet auf nahrhaftem Boden den ganzen Sommer über weiße Blütenwolken, 30–40 cm, kann auf geeigneten Pflanzstellen auch winterhart sein.

Sterndolde (*Astrantia major*) Rosa, weiße oder dunkelrote Blüten VI–VII, robust, kalkliebend, 40 cm, eher absonnige Lage, schön im Staudenbeet, Rosenbegleiter, horstbildend. Bienen, Hummeln und Schmetterlinge freuen sich über das Nektarangebot, Raupenfutterpflanze.

Stockrose siehe Malve

Storchschnabel (*Geranium*) Unzählige Züchtungen, speziell als Bienenweide wurde in England *G. wallichianum* 'Rozanne' gezüchtet, erhielt den Namen Jolly Bee, glückliche Biene. Höhe 40–50 cm, blaue Blütenfülle VI–X, Rückschnitt empfohlen. Eher magerer Gartenboden, sehr winterhart. Staudenbeet, Naturgarten. Der Blut-Storchschnabel (*G. sanguineum*) eignet sich zur Dachbepflanzung.

Spornblume

Steinkraut

Sterndolde

Storchschnabel

Strahldolde

Taglilien

Waldgeißbart

Strahldolde (*Orlaya grandiflora*) Gehörte früher zur Wildflora, wird jetzt als dekorative zweijährige Bienenweide kultiviert. Aussaat im August, blüht im Folgejahr mit großen weißen Blütendolden, Höhe ca. 50 cm, benötigt kalkreichen Boden.

Taglilien (*Hemerocallis × cultorum*) Anspruchslose Sommerblüher, unzählige Züchtungen, 40–70 cm, nährstoffreicher Boden, sonniger Standort. Dem Namen entsprechend hält jede Blüte nur einen Tag, die zahlreichen Knospen blühen nach und nach auf.

Waldgeißbart (*Aruncus dioicus*) Auf halbschattigen, nicht zu trockenen Böden pflegefrei, weiße Blütenrispen VI–VII, horstiger Wuchs, Höhe bis 1,5 m, wird mit der Zeit sehr dominant, Teilung möglich. Heimische Waldrandpflanze, viel Wildbienenbesuch.

Wasserdost (*Eupatorium*) Imposante Stauden für feuchte Standorte, auf trockeneren Plätzen weniger starker Wuchs. *E. maculatum* 'Atropurpureum' für Einzel- oder Gruppenpflanzung, Höhe ca. 150 cm bei nahrhaftem, feuchtem Boden, straff aufrechter Wuchs. Rosa Blütendolden VIII–IX, wichtiger Spätblüher! Züchtungen von *E. fistulosum* können bis 200 cm Höhe erreichen. Es gibt auch kleiner bleibende Varianten, wie *E. rugosum*, der Runzelblättrige Wasserdost, 80–90 cm, VII–IX weiße Blüten, oder 'Chocolate', der Braunblättrige Wasserdost. Die Naturform, *E. cannabinum*, der Gewöhnliche Wasserdost, auch Kunigundenkraut, ist in Wassernähe in ganz Europa verbreitet, gute Einsatzpflanze gegen die Ausbreitung von Springkraut! Alle Arten sind wertvolle Insektenmagneten.

Wasserdost

Wegwarte (*Cichorium intybus*) Anspruchslos, für magere, kalkhaltige Böden, die blauen Blüten sind nur bis mittags geöffnet, 50–70, VII–IX. Ziehen Bienen und Hummeln magisch an. Als Bestandteil einer Bienenweide empfohlen, Raupenfutterpflanze.

Weidenröschen (*Epilobium*) Das Schmalblättrige Weidenröschen, *E. angustifolium*, blüht als Ruderalpflanze gern an Waldrändern auf kalk- und nährstoffarmen Böden, hübsch für Naturgärten, lilarosa Blüten, VII–VIII, bei Hummeln sehr begehrt. Wichtige Raupenfutterpflanze. Das Kleinblütige Weidenröschen, *E. parviflorum*, gilt als wertvolle Heilpflanze. Samenbildung noch während der Blüte, rechtzeitig entfernen, wenn Selbstaussaat verhindert werden soll.

Wiesenknöterich (*Bistorta officinalis*), früher *Persicaria*. Unverzichtbar für feuchte Naturblumenwiesen, Teich- und Bachränder, rosa kerzenartige Blüten VI, die Zuchtform 'Superbum' hat etwas größere Blüten. Höhe 50–70 cm, breitet sich tepppichartig aus, nach Rückschnitt zweite Blüte. Wegen seiner späten Blütezeit für Insekten besonders wertvoll ist der Kerzenknöterich, *Bistorta amplexicaulis*, VII–X. Als Insektenweide gilt auch der Schneckenknöterich, *Bistorta affinis*, 'Darjeeling' hat weiß-rosa gescheckte Blüten, Höhe nur 20 cm, VII–IX, robust.

Wiesenknopf (*Sanguisorba officinalis*) Rostbraune Blütenknöpfchen an langen Stielen, 50 cm, VI–VII, humusreicher, eher saurer, feuchter Boden, sonnig, beste Bienenweide. Mehrere Züchtungen, für Staudenbeet empfehlenswert 'Tanna'. Liebenswert im Naturgarten.

Wiesenraute (*Thalictrum*) Die lilarosa Blüten der Akeleiblättrigen Wiesenraute (*T. aquilegifolium*) sind über Wochen hinweg bei Bienen beliebt. Nahrhafter, nicht zu trockener, kalkarmer Boden, schlanker Wuchs, guter Rosennachbar, V–VI. Von VI–VII wartet *T. flavum* ssp. *glaucum* mit gelben Blüten auf, Höhe ca. 100 cm, schön im Staudenbeet. Mit über 200 cm Höhe aus der Art geschlagen ist die Hohe Wiesenraute, *T. rochebruneanum* 'Elin', VIII, *T. kiusianum* ist dagegen ein Zwerg und für Steingärten geeignet.

Wegwarte

Weidenröschen

Wiesenknöterich

Wiesenknopf

Wiesenraute

●●● **Wilde Möhre**

●●● **Winteraster**

●●● **Witwenblume**

Wilde Möhre (*Daucus carota*) Zweijährige Wildpflanze, im ersten Jahr nur Blattrosette, im zweiten Standjahr 100 cm langer, verzweigter Stängel mit flach ausgebreiteten, großen Doldenblüten, die aus Hunderten kleiner Blütchen, die Biene & Co. magisch anziehen, zusammengesetzt sind. Blütezeit VII-IX. Früher wild, heute für Staudenrabatten, Wildblumenwiesen oder Naturgärten verwendet. Boden nährstoffreich, eher trocken und durchlässig, über Samen sehr ausbreitungsfreudig, Raupenfutterpflanze für den Schwalbenschwanz.

Winteraster (*Chrysanthemum × hortorum*) Ungefüllte Formen wie 'Goldmarie' sind wertvolle Spättrachtpflanzen, Blütezeit IX-X. Nährstoffreicher Boden, Höhe 50-70 cm. Für Bauerngärten und Staudenbeete.

Witwenblume (*Knautia*) Ein Blickpunkt im Staudenbeet ist die Purpur-Witwenblume (*K. macedonica*) 50-60 cm, besonders in Kombination mit rosa Katzenminzen. Schön für naturnahe Gärten oder Blumenwiesen. Ebenso geeignet ist die Acker-Witwenblume, *K. arvensis*, 30-80 cm, violettblaue Blüten, hoher Nektarwert, VI-VIII, eher kalkreicher Boden. Bestäuber sind fast immer Schmetterlinge.

Wüstengoldaster (*Eriophyllum lanatum*) Anspruchslos, für trockene, stark besonnte Plätze geeignet, blüht ausdauernd VI-VIII mit goldgelben, margeritenähnlichen Blüten, 20-30 cm, Gruppenpflanzung empfohlen, Insektentreffpunkt. Für Extremstandorte wie Dachbegrünung oder Steinmauern.

●●● **Wüstengoldaster**

●●● **Wolfsmilch**

●●● **Ziest**

Wolfsmilch (*Euphorbia*) Zahlreiche Arten mit unterschiedlichen Höhen, alle insektenfreundlich, aber giftig. Wegen der frühen Blütezeit besonders wertvoll ist *E. myrsinites*, die Walzenwolfsmilch, wächst auf steinigem Magerboden, Blüte III–IV, samt sich aus, sehr dekorativ auf Steinmauern. Rückschnitt nach der Blüte, dabei darauf achten, dass der Pflanzensaft nicht in die Augen spritzt! *E. polychroma*, die Goldwolfsmilch, liebt ebenfalls steinige Böden, goldgelbe Hochblätter, im Herbst rotbraun, zur Dachbegrünung geeignet. Volle Sonne, genügsam, kalkhaltiger Boden, verträgt Trockenheit, winterhart. Schön als kleine Gruppe. Viele andere Züchtungen.

Zierfenchel s. Kapitel Kräuter

Ziest (*Stachys*) Viele bienenfreundliche Arten. Als Randbepflanzung auf mageren, steinigen Böden in voller Sonne und zur Dachbegrünung eignet sich der Wollziest, *S. byzantina*, auch als Eselsohren bezeichnet, 30–40 cm. Eher unscheinbare rosa Blüten VI–VII, anspruchslos. Der Echte Ziest, *S. officinalis*, gilt als Heilpflanze.
Die tiefrosa Blüten von *S. monieri* 'Hummelo' sind besonders bienenfreundlich, 40 cm, VI–VIII, nährstoffarmer Boden, schön für Naturgärten. Für Staudenpflanzungen eignet sich *S. grandiflora* 'Superba', 60 cm, VI–VII, lilarosa Blüten.

Gerda Walton's Tipp zum Geleit

Wer hat schon einen großen Garten? Für nicht wenige besteht das Gartenglück oft nur aus einem winzig kleinen Balkon oder einem Fensterbrett, und trotzdem möchte man mittun und einen Beitrag leisten, um Biene & Co. das Überleben zu erleichtern. Es gibt zwei wirklich unverzichtbare „musts" für Bienen, die sich sogar im Topf auf dem Fensterbrett halten lassen und von Sommermitte bis zum Frost von Bienen aller Art gestürmt werden. Das ist einmal das nur einjährige Afrikanische oder Blaue Basilikum (*Ocimum basilicum*), und dann die mehrjährige Bergminze, auch als Steinquendel bezeichnet (*Calamintha nepeta*). Ihre unzähligen, für das menschliche Auge eher unspektakulären Blüten sind für Bienen das Eldorado schlechthin. Für beide benötigt man keinen grünen Daumen, nur ein bisschen Bienenliebe.

Danke!

Für ihre wertvolle Hilfe und Unterstützung beim Zustandekommen dieses botanischen Ratgebers für mehr Biodiversität rund ums Haus und in freier Natur bedanken wir uns von Herzen bei

Gottfried Binder, Attnang-Puchheim
Robert Engl, Sistrans
Ing. Reinhard Hetzenauer, Axams
Heidi und Reinhard Hölzl, Die Naturfotografen, Schwaz
Maria Heiß, Roppen
Christa Kollerits, Wien
Erhard Kontur, Attnang-Puchheim
Johann Neumayer, Elixhausen/Salzburg
Hermann Oberreiter, Innsbruck
Dr. Bernt Ruttner, Timmelkam
Josef Siedler, Innsbruck
Anna Steiner, Alpengarten Bad Aussee
und bei unseren Familien, die unser Herzensprojekt mit Verständnis und Geduld mitgetragen haben.